■ ゼロからはじめる

NTT
docomo

iPhone
アイフォーン

15

リンクアップ 著

JN051445

スマートガイド

**ドコモ
完全対応版**

15 / Plus /
Pro / Pro Max

技術評論社

⊙ CONTENTS

⏻ CONTENTS

Chapter 6 » 音楽や写真・動画を楽しむ

Chapter 7 » アプリを使いこなす

Chapter **8** » iCloudを活用する

Chapter **9** » iPhoneをもっと使いやすくする

5

⏻ CONTENTS

Chapter **10** » iPhoneを初期化・再設定する

ひと目でわかる
iPhone 15シリーズの新機能

iPhone 15シリーズは、ホームボタンがない全面ディスプレイです。
最新iOS 17になって、より使いやすい機能やアプリが追加されてい
ます。

iPhone 15シリーズの基本的な操作

各種の操作は、ジェスチャーやサイドボタンなどを使って行います。本文でも都度解
説していますが、ここでまとめて確認しておきましょう。

**ホーム画面を
表示する**

スワイプする

**電源をオフに
する**

サイドボタンと
いずれかの
音量ボタンを
同時に長押しする

**コントロール
センターを
表示する**

スワイプする

**通知センターを
表示する**

スワイプする

**最近使用した
アプリを
表示する**

❷ 止める

❶ スワイプする

**アプリを
切り替える**

左右に
スワイプする

**スクリーン
ショットを
撮る**

サイドボタンと
音量ボタンの
上を同時に
押して離す

**iPhone内の
情報を
検索する
（検索機能）**

スワイプする

**Siriを
起動する**

長押しする

**Apple Pay
を利用する**

すばやく2回
押す

iPhone 15シリーズとiOS 17の主な新機能

スタンバイ

iPhoneを充電するとき、スタンバイを表示することができます。スタンバイには時計やカレンダーを大きく表示することができ、離れた場所からでも情報が確認しやすくなっています。また、時計やカレンダー以外に写真、ウィジェットなどを表示することもできます。

時計やカレンダーの見た目はカスタマイズすることが可能です。

インタラクティブなウィジェット

特定のウィジェットで、ウィジェットから操作を実行することができるようになりました。たとえば、「リマインダー」アプリのウィジェットのTo Doリストにチェックを付けたり、「ミュージック」アプリのウィジェットから音楽を再生したりすることができます。

標準アプリのウィジェットでは、「リマインダー」「ミュージック」「ホーム」などが対応しています。

連絡先

電話やFaceTimeの発信相手に表示される、自分オリジナルの画面（ポスター）を作成することができます。ポスターには写真を表示することができ、名前などの文字の種類も選択することができます。なお、ポスターはNameDropを利用した連絡先の交換にも利用することができます。

FaceTime

FaceTimeでの通話に相手が応答しない場合、ビデオメッセージを残すことができるようになりました。ビデオメッセージでは、FaceTimeのビデオエフェクトを利用することができます。

マップ

インターネットに接続していないときでも「マップ」アプリを利用できるよう、iPhoneに地図の一部をダウンロードして保存することができるようになりました。保存したエリアであれば、インターネットに接続していなくても、いろいろな操作や情報を表示することができます。

写真

写真やビデオに写った被写体の情報を調べる「画像を調べる」機能が利用できます。ビデオでは、任意のフレームでビデオを一時停止して利用します。また、写真や一時停止したビデオの背景から被写体を抜き出して、「画像を調べる」を利用することも可能です。

Safari

仕事とプライベートなど、用途や環境ごとにプロファイルを作成して、切り替えて利用することができるようになりました。また、iCloudキーチェーンを利用することで、信頼のおける相手とWebサイトなどのパスワードを共有することもできます。

プライバシーとセキュリティ

AirDrop、「連絡先」アプリのポスター、システム全体の写真ピッカー、FaceTimeメッセージで送受信したコンテンツなどで、不適切なビデオと写真の送受信を防止できるようになりました。警告の表示や表示前にぼかすことが可能です。

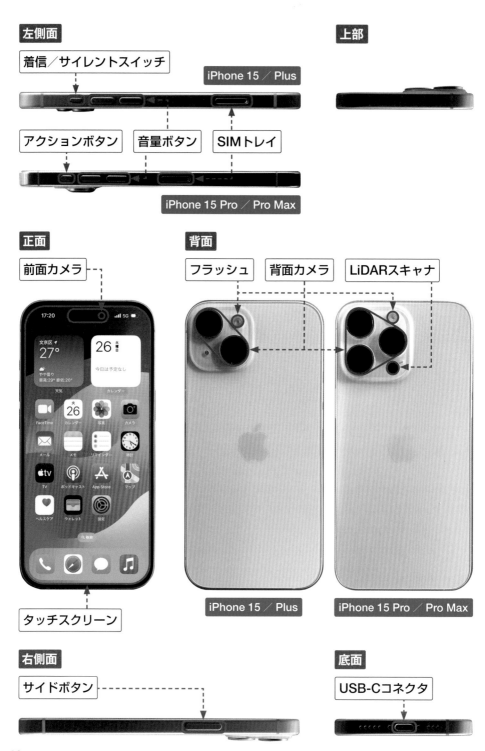

左側面

着信／サイレントスイッチ

iPhone 15 ／ Plus

アクションボタン　音量ボタン　SIMトレイ

iPhone 15 Pro ／ Pro Max

上部

正面

前面カメラ

17:20 ... 5G

文京区 27°
やや曇り
最高:29° 最低:20°
天気

26 火曜日
今日は予定なし
カレンダー

FaceTime　カレンダー　写真　カメラ
メール　メモ　リマインダー　時計
TV　ポッドキャスト　App Store　マップ
ヘルスケア　ウォレット　設定

Q 検索

タッチスクリーン

背面

フラッシュ　背面カメラ　LiDARスキャナ

iPhone 15 ／ Plus

iPhone 15 Pro ／ Pro Max

右側面

サイドボタン

底面

USB-Cコネクタ

Chapter **1**

iPhone 15のキホン

| 15 | Plus | Pro | Pro Max |

電源のオン・オフと
スリープモード

OS・Hardware

iPhoneの電源の状態には、オン、オフ、スリープの3種類があり、サイドボタンで切り替えることができます。また、一定時間操作しないと自動的にスリープします。

1

ロックを解除する

① スリープ時に本体を持ち上げて、手前に傾けます。もしくは、画面をタップするか、本体右側面のサイドボタンを押します。

タップする / 押す / docomo / 9月26日 火曜日 / 14:33

② ロック画面が表示されるので、画面下部から上方向にスワイプします。パスコード（Sec.64参照）が設定されている場合は、パスコードを入力します。

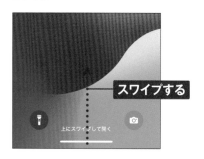

スワイプする / 上にスワイプして開く

③ ロックが解除されます。サイドボタンを押すと、スリープします。

押す / 14:33 / 東京 / 29° / 26 火曜日 / 今日は予定なし

MEMO 「常に画面オン」をオフにする

iPhone 15 Pro／Pro Maxでは、ロックされたあとも暗いロック画面が表示されます。画面を完全にオフにするには、ホーム画面で［設定］→［画面表示と明るさ］→［常に画面オン］の順にタップし、「常に画面オン」の◯をタップして、◯にします。

🔘 電源をオフにする

① 電源が入っている状態で、サイドボタンと音量ボタンの上または下を、手順②の画面が表示されるまで同時に押し続けます。

② ⏻を右方向にスライドすると、電源がオフになります。

③ 電源をオフにしている状態で、サイドボタンを長押しすると、電源がオンになります。

1

"" "" ""
MEMO ソフトウェア・アップデート

iPhoneの画面を表示したときに「ソフトウェア・アップデート」の通知が表示されることがあります。その場合は、バッテリーが十分にある状態でWi-Fiに接続し、[今すぐインストール] をタップすることでiOSを更新できます。なお、標準ではソフトウェアの自動アップデートがオンになっています。自動アップデートをしたくない場合は、ホーム画面で[設定]→ [一般]→ [ソフトウェアアップデート]→ [自動アップデート] の順にタップし、「iOSアップデート」の⬤をタップしてオフにしましょう。

15　Plus　Pro　Pro Max

iPhoneの基本操作を覚える

OS・Hardware

iPhoneは、指で画面にタッチすることで、さまざまな操作が行えます。また、本体の各種ボタンの役割についても、ここで覚えておきましょう。

🎛 本体の各種ボタンの操作

アクションボタン：iPhone 15 Pro ／ Pro Maxでは、アクションボタンを押してさまざまな機能を実行できます（P.275参照）。

着信／サイレントスイッチ：iPhone 15 ／ Plusでは、着信／サイレントスイッチを切り替えて音が鳴らないようにできます（P.56参照）。

音量ボタン：音量の調節が可能です。

サイドボタン：長押しでSiriを起動したり、電源のオン・オフに使用したりします。

iPhone 15 ／ Plus　　iPhone 15 Pro ／ Pro Max

MEMO　本体を横向きにすると画面も回転する

iPhoneを横向きにすると、アプリの画面が回転します。ただし、アプリによっては画面が回転しないものもあります。また、画面を回転しないように固定することもできます（P.23参照）。

ⓤ タッチスクリーンの操作

タップ/ダブルタップ

画面に軽く触れてすぐに離すことを「タップ」、同操作を2回くり返すことを「ダブルタップ」といいます。

タッチ

画面に触れたままの状態を保つことを「タッチ」といいます。

ピンチ（ズーム）

2本の指を画面に触れたまま指を広げることを「ピンチオープン」、指を狭めることを「ピンチクローズ」といいます。

ドラッグ/スライド（スクロール）

アイコンなどに触れたまま、特定の位置までなぞることを「ドラッグ」または「スライド」といいます。

スワイプ

画面の上を指で軽く払うような動作を「スワイプ」といいます。

> **MEMO 触覚タッチ**
>
> アイコンや画面の特定の箇所をタッチすると、本体が振動して、便利なメニューなどが表示されることがあります。本書では、これを「触覚タッチ」といいます。

`15`　`Plus`　`Pro`　`Pro Max`

`OS・Hardware`

ホーム画面の使い方

iPhoneのホーム画面では、アイコンをタップしてアプリを起動したり、ホーム画面を左右に切り替えたりすることができます。また、Appライブラリを確認することも可能です。

1 📲 iPhoneのホーム画面

画面上部：インターネットへの接続状況や現在の時刻、バッテリー残量などのiPhoneの状況が表示されます。

Dynamic Island：アプリの情報が表示されます。タッチすると操作できる場合もあります（MEMO参照）。

ウィジェット：ニュースや天気など、さまざまなカテゴリの情報をウィジェットで確認することができます（Sec.06参照）。

Appアイコン：インストール済みのアプリのアイコンが表示されます。

Spotlight：さまざまな検索を行うことができます。

MEMO Dynamic Islandとは

画面上部には、Dynamic Islandと呼ばれる表示領域があります。ここには、再生中のミュージックや「マップ」アプリの経路案内など、対応するアプリの情報が表示され、タッチすることでさらに情報が表示されたり別の操作が行えたりする場合もあります。

Dock：よく使うアプリのアイコンを最大4個まで設置できます。ホーム画面を切り替えても常時表示されます。

⏻ ホーム画面を切り替える

●ホーム画面を切り替える

1 ホーム画面を左方向にスワイプします。

2 右隣のホーム画面が表示されます。画面を右方向にスワイプする、もしくは画面下部を上方向にスワイプすると、もとのホーム画面に戻ります。

●情報やアプリを表示する

1 ホーム画面を何度か右方向にスワイプすると、「今日の表示」画面（Sec.06参照）が表示され、それぞれの情報をチェックできます。

2 何度か左方向にスワイプすると、右端に「アプリライブラリ」画面が表示されます（P.230参照）。画面を右方向にスワイプすると、ホーム画面に戻ります。

15 | Plus | Pro | Pro Max

OS・Hardware

通知センターで通知を確認する

iPhoneの画面左上に表示されている現在時刻部分を下方向にスワイプすると、「通知センター」が表示され、アプリからの通知を一覧で確認できます。

1 ⏻ 通知センターを表示する

(1) 画面左上を下方向にスワイプします。

(2) 新しい通知があると、下のように表示されます。画面中央から上方向にスワイプすると、過去の通知が表示されます。

(3) 画面下部から上方向にスワイプすると、通知センターが閉じて、もとの画面に戻ります。

‖‖ ‖‖
MEMO ロック画面から通知センターを確認する

ロック画面から通知センターを表示するには、画面の中央辺りから上方向にスワイプします。

⏻ 通知センターで通知を確認する

1 P.20手順①を参考に通知センターを表示し、通知（ここでは［メッセージ]）をタップします。

タップする

+81 70 0000 0000
何時に帰ってくる？

2 ［開く］をタップすると、アプリが起動します。通話の着信やメールの通知などをタップすると、それぞれのアプリが起動します。

タップする

開く +81 70 0000 0000
何時に帰ってくる？

3 通知を左方向にスワイプして、［消去］をタップすると、通知を消去できます。

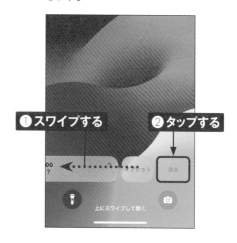

❶スワイプする　❷タップする

消去

上にスワイプして開く

MEMO グループ化された通知を見る

同じアプリからの通知はグループ化され、1つにまとめて表示されます。まとめられた通知を個別に見たい場合は、グループ通知をタップすれば展開して表示されます。展開された通知は、右上の［表示を減らす］をタップすると、再度グループ化されます。

メッセージ　　✓ 表示を減らす　✕

+81 70 0000 0000　　今
明日は駅に集合で！

+81 70 0000 0000　　今
遅くなりそうだったら連絡してね

+81 70 0000 0000　　1分前
何時に帰ってくる？

15　Plus　Pro　Pro Max

OS・Hardware

コントロールセンターを
利用する

iPhoneでは、コントロールセンターからもさまざまな設定を行えるようになっています。ここでは、コントロールセンターの各機能について解説します。

⚙ コントロールセンターで設定を変更する

① 画面右上から下方向にスワイプします。

③ アイコンがグレーに表示されてWi-Fiの接続が解除されます。もう一度タップすると、Wi-Fiに接続します。画面を上方向にスワイプすると、コントロールセンターが閉じます。

設定が変更される

② コントロールセンターが表示されます。上部に配置されているアイコン（ここでは青表示になっているWi-Fiのアイコン）→ [OK] の順にタップします。

タップする

MEMO　コントロールセンターの触覚タッチ

コントロールセンターの項目の中には、触覚タッチで詳細な操作ができるものがあります。

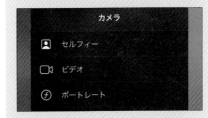

🎛 コントロールセンターの設定項目（iPhone 15 Pro ／ Pro Maxの場合）

❶機内モードのオン／オフを切り替えられます。

❷モバイルデータ通信のオン／オフを切り替えられます。

❸Wi-Fiの接続／未接続を切り替えられます。

❹Bluetooth機器との接続／未接続を切り替えられます。

❺音楽の再生／停止／早送り／巻戻しができます。

❻iPhoneの画面を縦向きに固定する機能をオン／オフできます。

❼iPhone 15 Pro ／ Pro Maxのみに表示されます。消音モードに切り替えることができます（P.56MEMO参照）。

❽集中モード（Sec.63参照）の設定ができます。

❾上下にドラッグして、画面の明るさを調整できます。

❿上下にドラッグして、音量を調整できます。

⓫フラッシュライトを点灯させたり消したりできます。タッチすると明るさを選択できます。

⓬「時計」アプリのタイマーが起動します。タッチすると簡易タイマーが表示されます。

⓭「計算機」アプリが起動します。

⓮「カメラ」アプリが起動します。タッチするとカメラモードを選択できます。

⓯音楽や動画をAirPlay対応機器で再生することができます。

⓰コードスキャナーが起動します。QRコードなどを読み取ることができます。

" " " "
MEMO **コントロールセンター のカスタマイズ**

コントロールセンターの項目は、追加や削除、移動などが自由にカスタマイズできます（Sec.61参照）。なお、iPhone 15 ／ PlusとiPhone 15 Pro ／ Pro Maxでは、初期状態で設定されている機能が一部異なります。

| 15 | Plus | Pro | Pro Max |

ウィジェットを利用する

OS・Hardware

iPhoneでは、ニュースや天気など、さまざまなカテゴリの情報をウィジェットで確認することができます。ウィジェットの順番は入れ替えることができるので、好みに合わせて設定しましょう。

⏻ ウィジェットで情報を確認する

① ホーム画面を何回か右方向にスワイプします。

スワイプする

② 「今日の表示」画面が表示され、ウィジェットが一覧表示されます。画面を上方向にスワイプします。

スワイプする

③ 下部のウィジェットが表示されます。画面を左方向にスワイプすると、ホーム画面に戻ります。

スワイプする

MEMO ロック画面から表示する

ロック画面を右方向にスワイプすることでも、「今日の表示」画面を表示することができます。

9月26日 スワイプする
14:39

⏻ ウィジェットを追加／削除する

① P.24手順③の画面で、下部の［編集］をタップします。

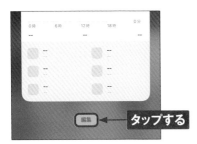

タップする

② 画面左上の ＋ をタップします。

タップする

26 火曜日 　 東京 29°

③ 追加したいウィジェット（ここでは［時計］）をタップします。

Q ウィジェットを検索

最近再生した項目
Relay〜杜の詩 - Si...
サザンオールスターズ
▶ 再生

ミュージック
最近再生した項目

タップする

時計
都市1

写真
アルバム

使用できる写真がありません

⊘ リーディングリスト

④ 画面を左右にスワイプして、ウィジェットの大きさを選び、［ウィジェットを追加］をタップします。

❶ スワイプする

❷ タップする

➕ ウィジェットを追加

⑤ ウィジェットが追加されます。ウィジェットを削除する場合は ⊖ →［削除］の順にタップします。画面右上の［完了］をタップすると、編集が終了します。

❶ タップする

"時計" ウィジェット
を削除しますか？
このウィジェットを削除してもアプリやデータは削除されません。

キャンセル　　削除

❷ タップする

MEMO　ウィジェットをホーム画面に追加する

ウィジェットはホーム画面にも追加できます。詳しくは、P.228を参照してください。

アプリの起動と終了

OS・Hardware

iPhoneでは、ホーム画面のAppアイコンをタップすることでアプリを起動します。画面下部から上方向にスワイプして指を止めると、アプリを終了したり、切り替えたりすることが可能です。

1

🔄 アプリを起動する

① ホーム画面で🧭をタップします。

タップする

② Safariが起動しました。画面下部から上方向にスワイプします。

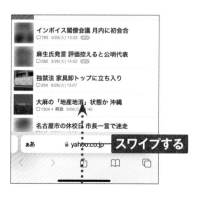

インボイス閣僚会議 月内に初会合
💬783 9/26(火) 13:22 NEW

麻生氏発言 評価控えると公明代表
💬282 9/26(火) 14:02

独禁法 家具卸トップに立ち入り
💬234 9/26(火) 13:07

大麻の「地産地消」状態か 沖縄
💬1304＋解説 9/26(火) 45

名古屋市の休校日 市長一言で迷走

ぁあ　🔒 yahoo.co.jp

スワイプする

③ ホーム画面に戻ります。

MEMO アプリのアクセス許可

アプリの初回起動時に、アクセス許可を求める画面が表示される場合があります。基本的には許可して進みますが、気になる場合や詳しく知りたい場合は、P.76、P.245、P.246を参照してください。

アプリを終了する

① 画面下部から上方向にスワイプして、画面中央で指を止め、指を離します。

② 最近利用したアプリの画面が表示されます。左右にスワイプして、アプリの画面を上方向にスワイプすると表示が消え、アプリが終了します。

③ 手順②の画面でアプリ画面をタップすると、そのアプリに切り替えることができます。

MEMO アプリをすばやく切り替える

アプリを使用中に画面下部を左右にスワイプすると、最近利用した別のアプリに切り替えることができます。

`15`　`Plus`　`Pro`　`Pro Max`

文字を入力する

Application

iPhoneでは、オンスクリーンキーボードを使用して文字を入力します。一般的な携帯電話と同じ「テンキー」やパソコンのキーボード風の「フルキー」などを切り替えて使用します。

1 iPhoneのキーボード

テンキー

フルキー

MEMO 2種類のキーボードと4種類の入力方法

iPhoneのオンスクリーンキーボードは主に、テンキー、フルキーの2種類を利用します。標準の状態では、「日本語かな」「絵文字」「English（Japan）」「音声入力」の4つの入力方法があります。「日本語ローマ字」や外国語のキーボードを別途追加することもできます。なお、「ATOK」や「Simeji」などサードパーティ製のキーボードアプリをインストールして利用することも可能です。

🎛 キーボードを切り替える

① キー入力が可能な画面（ここでは「メモ」の画面）になると、オンスクリーンキーボードが表示されます。画面では、テンキーの「日本語かな」が表示されています。「絵文字」キーボードを利用したい場合は、😊をタップします。

② 「絵文字」が表示されます。⊕をタップすると、手順①の画面に戻ります。

③ 手順①の画面で⊕をタップすると、フルキーの「English（Japan）」が表示されます。⊕をタップすると、手順①の画面に戻ります。

MEMO キーボード一覧を表示して切り替える

オンスクリーンキーボードで⊕をタッチすると、現在利用できるキーボードが一覧表示されます。その中から目的のキーボードをタップすると、使用するキーボードに切り替わります。

📱 テンキーの「日本語かな」で日本語を入力する

① テンキーは、一般的な携帯電話と同じ要領で入力が可能です。たとえば、はを3回タップすると、「ふ」が入力できます。

② 入力時に小をタップすると、その文字に濁点や半濁点を付けたり、小文字にしたりすることができます。

③ 単語を入力すると、変換候補が表示されます。候補の中から変換したい単語をタップすると、変換が確定します。

④ 文字を入力し、変換候補の中に変換したい単語がないときは、変換候補の欄に表示されている▽をタップします。

⑤ 変換候補の欄を上下にスワイプして文字を探します。もし表示されない場合は、∧をタップして入力画面に戻ります。

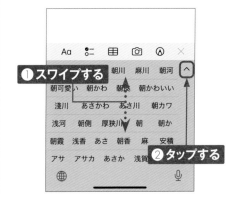

⑥ 単語を変換するときは、単語の後ろをタップして、変換の位置を調整し、変換候補の欄で文字を探し、タップします。変換したい単語が候補にないときは、P.30手順④〜⑤の操作をします。

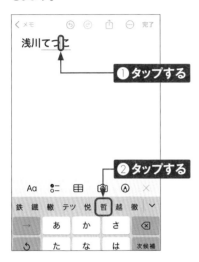

❶ タップする

❷ タップする

⑦ 手順⑥で調整した位置の単語だけが変換されました。

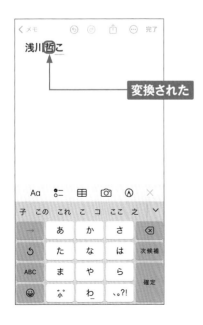

変換された

⑧ 顔文字を入力するときは、☺をタップします。

タップする

⑨ 顔文字の候補が表示されます。入力したい顔文字をタップします。

タップする

" " " "
MEMO 絵文字を入力する

P.29手順②の画面で、入力したい絵文字を選択してタップすると、絵文字が入力されます。上部の検索ボックスでは絵文字の検索が可能です。

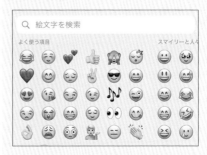

🔘 テンキーで英字・数字・記号を入力する

① ABC をタップすると、英字のテンキーに切り替わります。

② 日本語入力と同様に、キーを何度かタップして文字を入力します。入力時に a/A をタップすると、入力中の文字が大文字に切り替わり、[確定]をタップすると入力が確定されます。

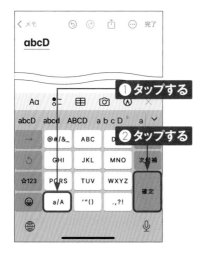

③ 数字・記号のテンキーに切り替えるときは、☆123 をタップします。

④ キーをタップすると数字を入力できます。キーをタッチしてスライドすると（P.33MEMO参照）、記号を入力できます。

1

🎙 音声入力を行う

1 音声入力を行うには、🎙 をタップします。

タップする

2 初めて利用するときは、［音声入力を有効にする］→［今はしない］の順にタップします。

音声入力を有効にしますか？

テキストをタイプして入力できる箇所ならどこでも自分の声を使用して音声で入力できます。"音声入力"では、リクエストを処理するために、入力された音声、連絡先、位置情報などの情報がAppleに送信されます。

音声入力を有効にする

今はしない

"Siriに頼む"、音声入力とプライバシーについて...

タップする

3 iPhoneに向かって入力したい言葉を話すと、話した言葉が入力されます。🎙 をタップすると、音声入力が終了します。

タップする

" " " "
MEMO そのほかの入力方法

テンキーでは、キーを上下左右にスライドすることで文字を入力できます。入力したい文字のキーをタッチすると、入力できる文字が表示されるので、入力したい文字の方向へスライドします。また、タッチしなくてもすばやくスワイプすることで対応する文字が入力されます。

スライドする

1

⏻ 「English（Japan）」で英字・数字・記号を入力する

① P.29を参考に、「English（Japan）」を表示します。そのあと、キーをタップして英字を入力します。アプリによっては行頭の1文字目は大文字で入力されます。⬆をタップしてから入力すると、1文字目を小文字にできます。

② 入力中に単語の候補が表示された場合は、表示された候補をタップすると、単語が入力されます。

③ 数字や記号を入力するには、123 をタップします。

④ 数字や記号が入力できるようになりました。そのほかの記号を入力するときは、#+=をタップします。🌐をタップすると、「日本語かな」キーボードに戻ります。

⏻ 片手入力に切り替える

① テンキーの状態で、⊕をタッチします。

タッチする

② ⌨をタップします。

タップする

③ キーボードが左寄りに配置され、片手入力に切り替わります。》をタップすると、手順①の画面に戻ります。

タップする

④ 手順②の画面で⌨をタップすると、キーボードが右寄りになります。

MEMO そのほかのキーボードから切り替える

片手入力への切り替えは、どのキーボードからでも同様に行えます。絵文字とEnglish（Japan）も⊕をタッチすると、片手入力に切り替えられます。

15　　Plus　　Pro　　Pro Max

文字を編集する

Application

iPhoneでは、入力した文字の編集や、コピー＆ペーストといった操作がかんたんに行えます。メールやメモを書く際には欠かせない機能なので、使い方をしっかり覚えておきましょう。

文字を削除する

(1) 文字を削除したいときは、削除したい文字の後ろをタップします。

(2) ⌫を消したい文字の数だけタップすると、文字が削除されます。

MEMO　タップでテキストを選択する

テキストをタップすることで、単語や文、段落を選択することができます。単語を選択するには、選択したい単語を1本指でダブルタップ、段落を選択するには、1本指でトリプルタップします。また、最初の単語をダブルタップしたまま最後の単語までドラッグすることで、テキストの一部を範囲選択できます。

📱 文字をコピー&ペーストする

① コピーしたい文字列をタッチします。指を離すと、メニューが表示されるので、［選択］をタップします。

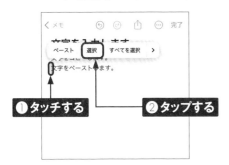

② 隣接する単語が選択された状態になります。選択範囲は、🔻と🔴をドラッグして変更します。

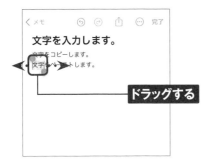

③ 選択範囲を調整し、指を離すとメニューが表示されるので、［コピー］をタップします。

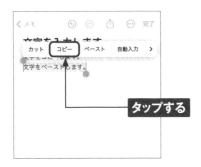

④ コピーした文字列を貼り付けたい場所をタッチします。指を離すと、メニューが表示されるので、［ペースト］をタップします。

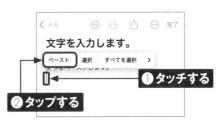

⑤ 手順③でコピーした文字列がペーストされました。

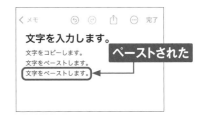

" " " "
MEMO **3本指のジェスチャー操作**

iPhoneでは、3本指を使う「ジェスチャー」が利用できます。下の表を参考にしてください。

コピー	3本指でピンチクローズ
カット	3本指でダブルピンチクローズ（すばやく2回ピンチクローズ）
ペースト	3本指でピンチオープン
取り消し	3本指で左方向にスワイプ
もとに戻す	3本指で右方向にスワイプ
メニュー呼び出し	3本指でタップ

⓾「メモ」アプリでカメラで認識した文字を挿入する

(1) 「メモ」アプリを起動して、◎をタップし、[テキストをスキャン]をタップします。

(3) 枠内の文字が表示されるので、挿入したい範囲をドラッグして選択し、[入力]をタップします。

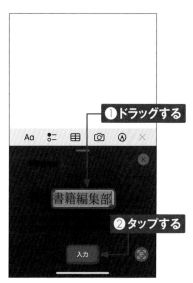

(2) 読み取りたい文字の範囲を表示される黄色の枠内に写して、圖をタップします。

(4) 選択した文字が挿入されます。

Chapter **2**

電話機能を使う

電話をかける・受ける

Application

iPhoneで電話機能を使ってみましょう。通常の携帯電話と同じ感覚でキーパッドに電話番号を入力すると、電話の発信が可能です。着信時の操作は、1手順でかんたんに通話が開始できます。

⏻ キーパッドを使って電話をかける

① ホーム画面で📞をタップします。

タップする

② [キーパッド] をタップします。

連絡先なし
追加した連絡先はここに表示されます。

新規連絡先を作成

タップする

★ よく使う項目　🕐 履歴　👤 連絡先　⊞ キーパッド　☎ 留守番電話

③ キーパッドの数字をタップして、電話番号を入力し、📞をタップします。

090 0000 0000

番号を追加

❶ タップする

1	2 ABC	3 DEF
4 GHI	5 JKL	6 MNO
7 PQRS	8 TUV	9 WXYZ
＊	0 +	＃

❷ タップする

④ 相手が応答すると通話開始です。📞をタップすると、通話を終了します。

スピーカー　FaceTime　消音
追加　終了　キーパッド

タップする

2

📱 電話を受ける

(1) iPhoneの操作中に着信が表示されたら、●をタップします（MEMO参照）。

(2) 通話が開始されます。通話を終えるには、●をタップします。

||||
MEMO アイコンが消えてしまった場合

通話中に●が消えてしまったときは、Dynamic Islandをタッチします。

(3) 手順①で●をタップすると、通話を拒否できます。

||||
MEMO ロック中に着信があった場合

iPhoneがスリープ中やロック画面で着信があった場合、ロック画面にスライダーが表示されます。●を右方向にスライドすると、着信に応答できます。また、サイドボタンをすばやく2回押すと、通話を拒否できます。

15　Plus　Pro　Pro Max

発着信履歴を確認する

Application

電話をかけ直すときは、発着信履歴から行うと手間をかけずに発信できます。また、発着信履歴の件数が多くなりすぎた場合は、履歴を消去して整理しましょう。

発着信履歴を確認する

① ホーム画面で📞をタップします。

② ［履歴］をタップします。

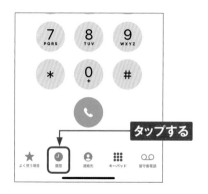

③ 発着信履歴の一覧が表示されます。［不在着信］をタップします。

④ 発着信履歴のうち不在着信の履歴のみが表示されます。[すべて]をタップすると、手順③の画面に戻ります。

2

📱 発着信履歴から発信する

(1) P.42手順③で通話したい相手を
タップします。

(2) 画面が切り替わり、発信が開始され
ます。

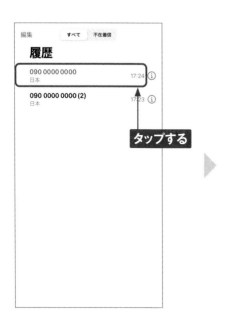

″ ″ ″ ″
MEMO 発着信履歴を削除する

発着信履歴を削除するには、手順①の画面を表示し、画面左上の[編集] → [選択]
の順にタップします。削除したい履歴の左側にある●をタップすると、🗑が表示
されるので、🗑をタップして、[完了]をタップすると削除されます。また、すべ
ての発着信履歴を削除するには、画面右上の[消去]をタップして、[すべての履
歴を消去]をタップします。

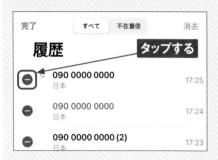

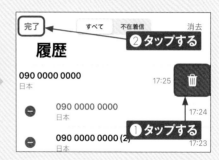

連絡先を作成する

Application

電話番号やメールアドレスなどの連絡先の情報を登録するには、「連絡先」アプリを利用します。また、発着信履歴の電話番号をもとにして、連絡先を作成することも可能です。

連絡先を新規作成する

① ホーム画面で［連絡先］をタップするか、「電話」アプリの［連絡先］をタップして、＋をタップします。

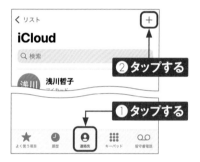

② ［姓］や［名］をタップし、登録したい相手の氏名やフリガナを入力します。

③ ［電話を追加］をタップします。

MEMO 「連絡先」のリスト

連絡先のデータをiCloudなどと連携しているときに、「連絡先」を表示すると（手順①参照）、リスト画面が表示されます。その場合は、［iCloud］など連絡先のリストをタップすると、連絡先の一覧が表示されます。

④ 電話番号を入力します。電話番号のラベルを変更したい場合は、[携帯電話] をタップします。

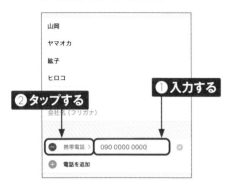

⑤ 変更したいラベル名をタップして選択します。

⑥ ラベルが変更されました。メールアドレスを登録するには、[メールを追加]をタップして、メールアドレスを入力します。

⑦ 情報の入力が終わったら、[完了]をタップします。

‖‖ ‖‖
MEMO **登録した連絡先に電話を発信する**

P.44手順①を参考に「連絡先」画面を表示し、発信したい連絡先をタップして、電話番号をタップすると、電話を発信できます。

📱 着信履歴から連絡先を作成する

① P.42手順③で連絡先を作成したい
電話番号の右にあるⓘをタップしま
す。

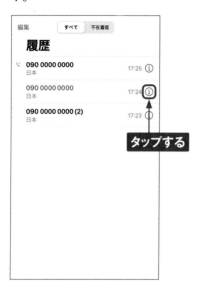

② [新規連絡先を作成] をタップしま
す。

③ 電話番号が入力された状態で「新
規連絡先」画面が表示されます。
P.44手順②〜P.45手順⑦を参考
にして、連絡先を作成します。

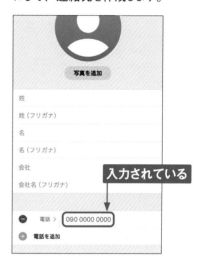

" " " "
MEMO 連絡先を編集する

P.44手順①を参考に「連絡先」画
面を表示し、編集したい連絡先を
タップすると、連絡先の詳細画面
が表示されます。画面右上の[編集]
をタップして、編集したい項目を
タップして情報を入力し、[完了]
をタップすると編集完了です。

ⓤ よく電話をかける連絡先を登録する

1 P.46MEMOを参考に連絡先の詳細画面を表示し、[よく使う項目に追加]をタップします。

2 登録したいアクション（ここでは[電話]）をタップし、登録する番号をタップして選択します。

3 ホーム画面で📞→[よく使う項目]の順にタップし、目的の連絡先をタップするだけで、電話の発信ができるようになります。

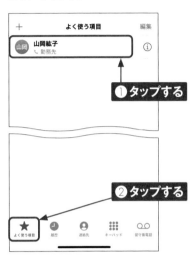

MEMO 連絡先を削除する

P.46MEMOを参考に連絡先の編集画面を表示して、画面を上方向にスワイプし、[連絡先を削除]をタップします。確認画面で[連絡先を削除]をタップすると、削除が完了します。

📱 連絡先の写真とポスターを作成する

① ホーム画面で［連絡先］をタップするか、「電話」アプリの［連絡先］をタップして、［マイカード］をタップします。

② ［連絡先の写真とポスター］をタップし、次の画面で［続ける］をタップします。

" " " "
MEMO 「マイカード」とは

「連絡先」に表示されている「マイカード」には、自分の電話番号やメールアドレスなどの連絡先を登録できます。連絡先を共有したい場合は、手順②の画面で［編集］をタップし、事前に入力しておきましょう。

③ 「名前を入力」欄に、名前が入力されていない場合は、自分の姓と名を入力します。「ポスターを選択」からポスターを選びます。ここでは［写真］をタップします。

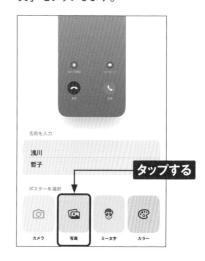

④ ポスターにしたい写真をタップします。

⑤ 写真をピンチすると表示範囲を変更することができ、左右にスワイプすると写真にフィルターがかかり、トーンが変更されます。

⑥ 名前をタップし、名前に使用したいフォントとカラーをタップして、× をタップします。

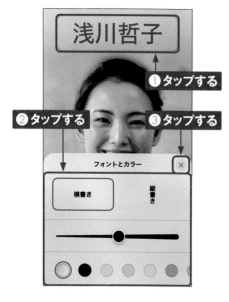

❶タップする
❷タップする
❸タップする

⑦ [完了] をタップします。

タップする

⑧ [続ける] → [続ける] → [完了]の順にタップすると、連絡先の写真とポスターの作成が完了します。

2

"" "" ""
MEMO **NameDropを使って連絡先情報を共有する**

iPhoneの上端を相手のiPhoneの上端に近づけると、相手の連絡先を受信したり、自分の連絡先を共有したりできます。受信した相手の連絡先は、[完了] をタップすると「連絡先」アプリに登録できます。なお、マイカードの連絡先（P.48 MEMO参照）が設定されていない場合は「連絡先情報を受信しますか？」画面が表示され、相手の連絡先を受信することしかできません。

留守番電話を確認する

Application

留守番電話は、ロック画面や「電話」アプリで確認できます。留守番電話を利用するには、「留守番電話サービス」（有料）に加入しておく必要があります。

留守番電話を聞く

① ホーム画面を表示し、📞をタップします。

タップする

② ［留守番電話］をタップします。

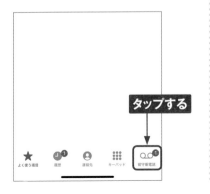

タップする

③ 留守番電話を聞きたい相手の連絡先をタップします。

タップする

④ ▶をタップすると、保存されたメッセージを聴くことができます。

タップする

留守番電話の呼び出し時間を設定する

1 P.40手順①～②を参考に「電話」アプリの「キーパッド」画面を表示し、「1419」と入力して📞をタップします。

2 [キーパッド] をタップします。

3 留守番電話の呼び出し秒数（0 ～ 120秒。ここでは「30」）を入力し、そのあとに「#」を入力します。初期設定では15秒に設定されています。

4 最後に「#」を入力し、📞をタップして通話を終了します。

⫶⫶⫶⫶
MEMO　相手に電話をかけ直す

電波の届かない場所にいるときは、すぐに留守番電話に転送されるため、着信履歴に発信元の電話番号が表示されません。この場合は電話番号がSMSで通知されるので、ホーム画面で💬をタップし、「DoCoMo SMS」に記載された電話番号をタップし、[発信] をタップします。

15　Plus　Pro　Pro Max

着信拒否を設定する

Application

iPhoneでは、着信拒否機能が利用できます。なお、着信拒否が設定できるのは、発着信履歴のある相手か、「連絡先」に登録済みの相手です。

履歴から着信拒否に登録・解除する

① P.42手順①〜②を参考に「履歴」画面を表示し、着信を拒否したい電話番号の⑤をタップします。

② [この発信者を着信拒否] をタップします。

③ [連絡先を着信拒否] をタップします。

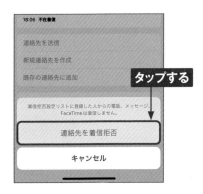

④ 着信拒否設定が完了します。[この発信者の着信拒否設定を解除] をタップすると、着信拒否設定が解除されます。

📵 連絡先から着信を拒否する

① ホーム画面で📞をタップし、[連絡先] をタップします。着信を拒否したい連絡先をタップします。

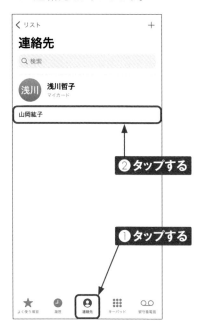

② [この発信者を着信拒否] をタップします。

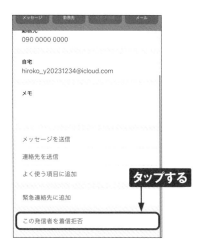

③ [連絡先を着信拒否] をタップします。

④ 着信拒否設定が完了します。[この発信者の着信拒否設定を解除] をタップすると、着信拒否設定が解除されます。

" " " "
MEMO　**不明な発信者を消音する**

連絡先に登録していない不明な番号から着信が来た場合、「不明な発信者を消音」にする設定をしていると、着信は消音され、履歴に表示されます。ホーム画面で [設定] → [電話] → [不明な発信者を消音] の順にタップし、◯ をタップして ◯にすると設定できます。

音量・着信音を変更する

Application

着信音量と着信音は、「設定」アプリで変更できます。標準の着信音に飽きてきたら、「設定」アプリの「サウンドと触覚」画面から、新しい着信音を設定してみましょう。

着信音量を調節する

① ホーム画面で[設定]をタップします。

タップする

② [サウンドと触覚] をタップします。

タップする

③ 「着信音と通知音」の◯を左右にドラッグし、音量を設定します。

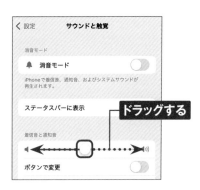

ドラッグする

MEMO　通話音量を変更する

通話音量を変更したいときは、通話中に本体左側面の音量ボタンを押して変更します。

2

好きな着信音に変更する

(1) P.54手順①～②を参考に「サウンドと触覚」画面を表示し、[着信音] をタップします。

(2) 任意の項目をタップすると、着信音が再生され、選択した項目が着信音に設定されます。[サウンドと触覚] をタップして、もとの画面に戻ります。

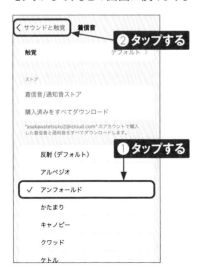

(3) [メッセージ] をタップすると、メッセージ着信時の通知音を変更することができます。

MEMO 着信音を購入する

着信音は購入することもできます。手順②の画面で [着信音/通知音ストア] をタップすると、「iTunes Store」アプリが起動し、着信音の項目に移動します。なお、着信音の購入にはApple ID（Sec.16参照）が必要です。

⏰ 消音モードに切り替える

(1) iPhone 15 ／ Plusは、本体左側面の着信／サイレントスイッチを切り替えて、赤い帯が見える状態にします。iPhone 15 Pro ／ Pro Maxは、アクションボタンを長押しします。アクションボタンに別の機能を設定している場合は（Sec.78参照）、右下のMEMOの方法を参考にしてください。

切り替える　　**長押しする**

| iPhone 15 ／ Plus | iPhone 15 Pro ／ Pro Max |

(2) iPhoneが消音モードになり、Dynamic Islandに「消音」と表示されます。着信音と通知音、そのほかのサウンド効果が鳴らなくなります。

(3) iPhone 15 ／ Plusは、着信／サイレントスイッチを切り替えて赤い帯が見えない状態に、iPhone 15 Pro ／ Pro Maxは、アクションボタンを長押しすると、消音モードがオフになります。Dynamic Islandに「着信」と表示されます。

‖ ‖ ‖ ‖
MEMO **コントロールセンターから設定を切り替える**

iPhone 15 Pro ／ Pro Maxの場合はコントロールセンターから消音モードに切り替えることができます。コントロールセンターを表示し、🔔をタップして🔕にすると、消音モードがオン、再度🔕をタップして🔔にすると、消音モードがオフになります。

タップする

Chapter **3**

基本設定を行う

Apple IDを作成する

Application

Apple IDを作成すると、App StoreやiCloudといったAppleが提供するさまざまなサービスが利用できます。ここでは、iCloudメールアドレスを取得して、Apple IDを作成する手順を紹介します。

Apple IDを作成する

① ホーム画面で[設定]をタップします。

② 「設定」画面が表示されるので、[iPhoneにサインイン]をタップします。「設定」画面が表示されない場合は、画面左上のくを何度かタップします。

③ [Apple IDをお持ちでない場合] → [Apple IDを作成]の順にタップします。

ⅲⅲⅲ MEMO すでにApple IDを 持っている場合

iPhoneを機種変更した場合など、すでにApple IDを持っている場合は、Apple IDを作成する必要はありません。手順③の画面で「Apple ID」を入力して[続ける]をタップし、「パスワード」を入力して、[続ける]をタップしたら、P.61手順⑮へ進んでください。

④ 「姓」と「名」を入力し、生年月日をタップします。

⑤ 現在の年月をタップします。

⑥ 生年月日の年月を上下にスワイプして設定します。年月の部分タップします。

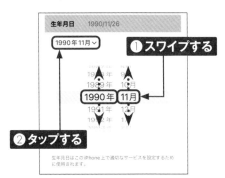

⑦ 生年月日の日をタップし、[続ける] をタップします。

⑧ [メールアドレスを持っていない場合] をタップします。

⑨ [iCloudメールアドレスを入手する] をタップします。

⑩ 「メールアドレス」に希望するメールアドレスを入力し、[続ける] をタップします。なお、Appleからの製品やサービスに関するメールが不要な場合は、「お知らせ」の ⬤ をタップして ◯ にしておきます。

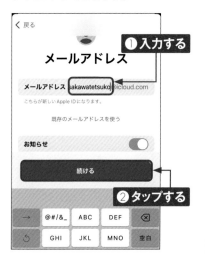

⑪ [メールアドレスを作成] をタップします。

⑫ 「パスワード」と「確認」に同じパスワードを入力し、[続ける] をタップします。なお、入力したパスワードは、絶対に忘れないようにしましょう。

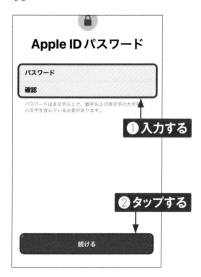

〃〃〃〃
MEMO　本人確認を求められた場合

新規にApple IDを作成するときなど、2ファクタ認証の登録がされていない場合、手順⑫のあとに本人確認を求められるときがあります。その場合は、本人確認のコードを受け取る電話番号を確認して、確認方法を [SMS] か [音声通話] から選択してタップし、[次へ] をタップします。届いた確認コードを入力（SMSは自動入力）すると、自動的に手順⑭の画面が表示されます。

(13) 本人確認に使用する電話番号を確認し、[続ける] をタップします。

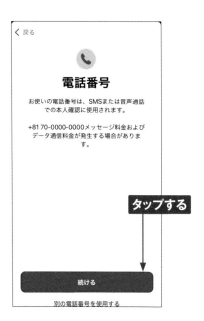

(14) 「利用規約」画面が表示されるので、内容を確認し、[同意する] をタップします。

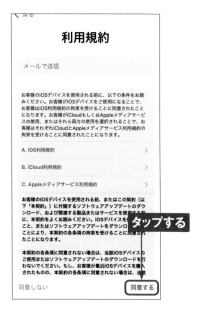

(15) Apple IDが作成されます。パスコードを設定している場合は、パスコードを入力します。

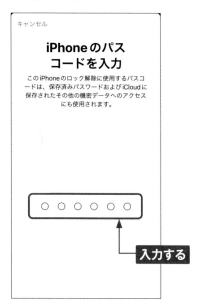

3

(16) 設定が完了します。

15　　Plus　　Pro　　Pro Max

Apple IDに
支払い情報を登録する

Application

iPhoneでアプリを購入したり、音楽・動画を購入したりするには、Apple IDに支払い情報を設定します。支払い方法は、クレジットカード、キャリア決済などから選べます。

Apple IDにクレジットカードを登録する

① ホーム画面で[設定]をタップします。

タップする

② 自分の名前をタップします。

タップする

③ ［お支払いと配送先］をタップします。

タップする

④ ［クレジット／デビットカード］にチェックが付いていることを確認します。チェックが付いていない場合はタップしてチェックを付けます。

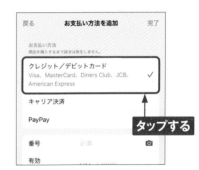

タップする

⑤ カード番号、有効期限、セキュリティコードを入力したら、「請求先住所」の自分の名前をタップします。

⑥ 請求先氏名を入力します。

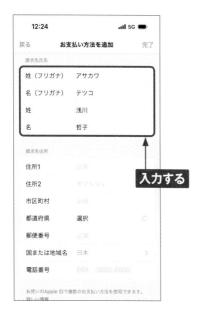

⑦ 請求先住所を入力し、[完了] をタップします。

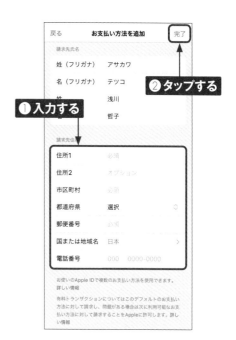

3

‖ ‖ ‖ ‖
MEMO **クレジットカードを持っていない場合**

クレジットカードを持っていない場合は、キャリア決済やApple Gift Cardを利用できます。Apple Gift Cardを利用する場合は、ホーム画面で [App Store] をタップし、⊚→ [ギフトカードまたはコードを使う] の順にタップして、画面に従ってコードを登録します。

Application

ドコモメールを設定する

ドコモのキャリアメール（@docomo.ne.jp）を利用するには、ドコモメールの設定を行う必要があります。設定はすべてWi-Fi接続をオフにした状態で行います。

⏻ ドコモメールを設定する

① ホーム画面で🧭をタップします。

タップする

② 📖をタップします。

タップする

③ ［My docomo（お客様サポート）］をタップします。

タップする

④ ［設定］をタップします。

タップする

⑤ [iPhoneドコモメール利用設定] →
[ドコモメール利用設定サイト] の順
にタップします。

⑥ [ドコモメールのご注意事項] と [d
アカウント利用設定のご注意事項]
をタップして注意事項を確認します。
確認後、[上記の～] をタップして
チェックを付け、[次へ] をタップし
ます。次に表示される画面で、[次
へ] をタップします。

⑦ [許可] をタップします。

⑧ [閉じる] をタップします。

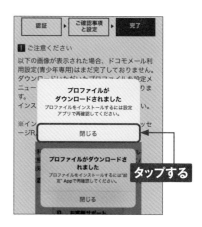

3

‖ ‖ ‖ ‖
MEMO 「青少年専用」と
表示される

spモードフィルタをドコモと契約
している場合は、未成年者でなく
ても手順⑥の画面やプロファイル
名に「青少年専用」と表示される
ことがあります。

⑨ ホーム画面に戻り、[設定]をタップします。

⑩ [ダウンロード済みのプロファイル]をタップします。

⑪ [インストール]をタップします。

⑫ パスコードを設定している場合は、パスコードの入力画面が表示されます。パスコードを入力します。

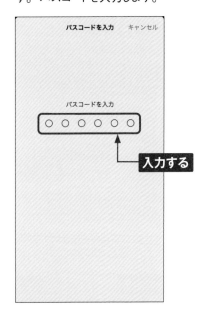

(13) 「警告」画面が表示されたら、[インストール] をタップします。

(14) [インストール] をタップします。

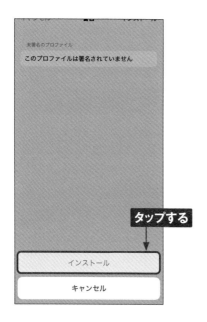

(15) ドコモメールの設定が完了します。[完了] をタップします。

(16) 「VPNとデバイス管理」画面が表示され、構成プロファイルがインストールされたことが確認できます。

📱 ドコモメールの通知方法を設定する

① ホーム画面で[設定]をタップします。

② [通知]をタップします。

③ [メール]をタップします。[メール]が表示されていない場合は、Sec.22を参考に「メール」アプリを起動してから再度操作します。

④ [通知をカスタマイズ]をタップします。

⑤ [ドコモメール]をタップします。

⑥ 「通知」の⬭をタップして、🔵にすると、ドコモメールの通知がオンになります。

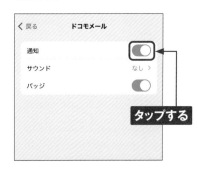

🕙 ドコモメールのメールボックスを設定する

1 ドコモメールを「メール」アプリで利用するには、メールボックスの関連付けが必要です。ホーム画面で[設定]をタップします。

2 [メール]をタップします。

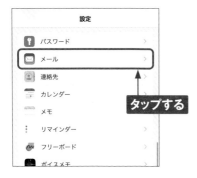

3 [アカウント]をタップします。

4 [ドコモメール]をタップします。

5 [アカウント]をタップします。

6 [詳細]をタップします。

7 [送信済メールボックス]をタップします。

8 [Sent]をタップしてチェックを付け、[詳細]をタップします。

9 [削除済メールボックス]をタップします。

(10) [Trash]をタップしてチェックを付け、[詳細]をタップします。

< 詳細

②タップする

IPHONE

🗑 ゴミ箱

サーバ上

📭 受信

📄 Drafts

📁 要確認

📁 愛

📁 Notes

📁 Sent

📁 Trash ✓

①タップする

(11) [アカウント]をタップします。

< アカウント 詳細

タップする

メールボックスの特性

下書きメールボックス Drafts >

送信済メールボックス Sent >

削除済メールボックス Trash >

アーカイブメールボックス >

削除したメッセージの移動先:

削除済メールボックス ✓

アーカイブメールボックス

削除したメッセージ

削除 しない >

受信設定

SSL を使用 ⬤

認証 パスワード >

IMAPパス接頭辞 /

(12) [完了]をタップします。

キャンセル アカウント 完了

IMAP アカウント情報

名前 ▓▓▓@docomo. タップする

メール ▓▓▓@docomo.ne.jp

説明 ドコモメール

受信メールサーバ

ホスト名 imap2.spmode.ne.jp

ユーザ名 ▓▓▓

パスワード

送信メールサーバ

SMTP smtp.spmode.ne.jp >

詳細 >

3

‖ ‖ ‖ ‖
MEMO デフォルトアカウントを
ドコモメールに設定する

メールボックスを開いた状態で新規メッセージを作成した場合、デフォルトアカウントに設定したメールアドレスが自動的に「差出人」に設定されるようになります（P.96参照）。デフォルトアカウントをドコモメールに設定するには、ホーム画面で［設定］をタップし、［メール］→［デフォルトアカウント］の順にタップして、［ドコモメール］をタップします。

< メール デフォルトアカウント

タップする

iCloud

ドコモメール ✓

メッセージR/S

⏻ ドコモメールのメールアドレスを変更する

① P.64手順①～③を参考に、[My docomo（お客様サポート）]をタップします。

② [設定]をタップします。

③ [メール設定]をタップします。

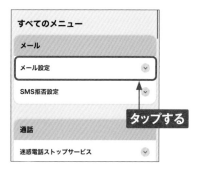

④ [設定を確認・変更する]をタップします。

⑤ 「本人確認」画面が表示された場合は、[次へ]をタップします。

⑥ dアカウントパスワードを入力し、[パスワード確認]をタップします。

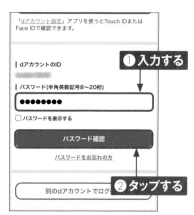

⑦ [メール設定内容の確認] をタップします。

⑧ [メールアドレスの変更] をタップします。

⑨ [継続する] をタップし、[次へ] をタップします。

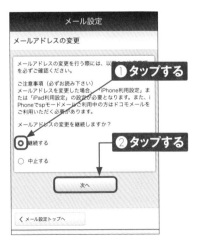

⑩ [自分で希望するアドレスに変更する] をタップします。希望するアドレスを入力し、[確認する] をタップします。

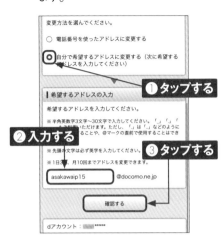

⑪ 希望するアドレスの設定内容を確認し、[設定を確定する] をタップします。修正したい場合は [修正する] をタップして修正します。

⑫ メールアドレスの変更が完了し、メールアドレスが表示されます。[次へ] をタップし、プロファイルの再インストールとメールの利用設定を行います（P.65手順⑥〜P.71手順⑫参照）。

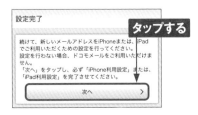

3

73

Wi-Fiを利用する

Application

Wi-Fi（無線LAN）を利用してインターネットに接続しましょう。ほとんどのWi-Fiにはパスワードが設定されているので、Wi-Fi接続前に必要な情報を用意しておきましょう。

Wi-Fiに接続する

① ホーム画面で［設定］→［Wi-Fi］の順にタップします。

② 「Wi-Fi」が○○であることを確認し、利用するネットワークをタップします。

③ 接続に必要なパスワードを入力し、［接続］をタップします。

④ 接続に成功すると画面右上に🛜が表示され、接続したネットワーク名に✓が表示されます。

" " " "

MEMO **d Wi-Fiに接続する**

d Wi-Fiのサービスエリアでは、dポイントクラブ会員なら無料で利用できる公衆Wi-Fiサービス「d Wi-Fi」が利用できます。詳細は、「https://www.docomo.ne.jp/service/d_wifi/」を参照してください。

⏻ 手動でWi-Fiを設定する

① P.74手順②で一覧に接続するネットワーク名が表示されないときは、[その他] をタップします。

② ネットワーク名 (SSID) を入力し、[セキュリティ] をタップします。

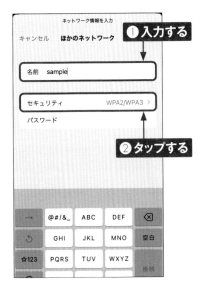

③ 設定されているセキュリティの種類をタップして、[戻る] をタップします。

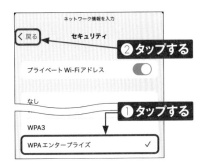

④ パスワードなどを入力し、[接続] をタップすると、Wi-Fiに接続されます。

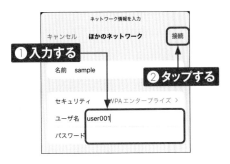

3

MEMO プライベートWi-Fiアドレス

プライバシーリスク軽減のため、標準では各Wi-Fiネットワークで、ランダムに割り振られた個別のWi-Fi MACアドレス（プライベートWi-Fiアドレス）が使用されます。端末固有のMACアドレスを利用するには、手順①の画面で、ネットワーク名の右の ⓘ をタップし、[プライベートWi-Fiアドレス] の 🔵 をタップして、⚪ にします。

iPhoneでは、GPSやWi-Fiスポット、携帯電話の基地局などを利用して現在地の位置情報を取得することができます。その位置情報をアプリ内で利用するには、アプリごとに許可が必要です。アプリの起動時や使用中に位置情報の利用を許可するかどうかの画面が表示された場合、[アプリの使用中は許可]または[1度だけ許可]をタップすることで、そのアプリ内での位置情報の利用が可能となります。位置情報を利用することで、X（旧Twitter）で自分の現在地を知らせたり、Facebookで現在地のスポットを表示したりと、便利に活用することができます。しかし、うっかり自宅の位置を送信してしまったり、知られたくない相手に自分の居場所が知られてしまったりすることもあります。注意して利用しましょう。なお、アプリの位置情報の利用許可はあとから変更することもできます。ホーム画面で[設定]→[プライバシーとセキュリティ]→[位置情報サービス]の順にタップすると、アプリごとにしない/次回または共有時に確認/このアプリの使用中などの中から変更できるので、一度設定を見直しておくとよいでしょう。

アプリ内で位置情報を求められた例です。[アプリの使用中は許可]または[1度だけ許可]をタップすると、アプリ内で位置情報が利用できるようになります。

「X（旧Twitter）」アプリで位置情報の利用を許可した場合、新規ポスト（旧ツイート）を投稿する際に、位置情報がタグ付けできるようになります。

ホーム画面で[設定]→[プライバシーとセキュリティ]→[位置情報サービス]の順にタップして、変更したいアプリをタップし、[しない]をタップすると、位置情報の利用をオフにできます。また、[正確な位置情報]をオフにすると、おおよその位置情報が利用されます。

Chapter **4**

メール機能を利用する

15　Plus　Pro　Pro Max

Application

メッセージを利用する

iPhoneの「メッセージ」アプリではSMSやiMessageといった多彩な方法でメッセージをやりとりすることができます。ここでは、それぞれの特徴と設定方法、利用方法を解説します。

⏻ メッセージの種類

SMS（ショートメッセージサービス）は、電話番号宛にメッセージを送受信できるサービスです。1回の送信には別途送信料がかかります。

iMessageは、iPhoneの電話番号やApple IDとして設定したメールアドレス宛にメッセージを送受信できます。iMessageはiPhoneやiPadなどのApple製品との間でテキストのほか写真や動画などもやりとりすることができます。また、パケット料金は発生しますが（定額コースは無料）、それ以外の料金はかかりません。Wi-Fi経由でも利用できます。

「メッセージ」アプリは、両者を切り替えて使う必要はなく、連絡先に登録した内容によって、自動的にSMSとiMessageを使い分けてくれます。

●SMS

「宛先」に電話番号を入力すると、相手がiMessageを使えない場合、SMSになります。テキストと絵文字が使え、auやソフトバンクといった他キャリアの携帯電話とも送受信ができます。なおSMSの送信には送信料がかかります。

●iMessage

iMessageではiPhoneの電話番号もしくは、Apple IDとして設定したメールアドレスとやりとりが行えます。SMSと区別がつくよう、吹き出しも青く表示されます。また、写真や動画、音声なども送信することが可能です。

4

📱 SMSのメッセージを送信する

① ホーム画面で○をタップします。初回起動時は画面の指示に従って操作します。

タップする

② 「メッセージ」アプリが起動するので、✏️をタップします。

タップする

③ 宛先に送信先の携帯電話番号を入力し、本文入力フィールドに本文を入力します。最後に⬆️をタップすると、SMSのメッセージが送信されます。

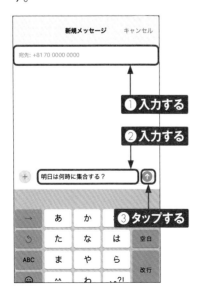
❶入力する
❷入力する
❸タップする

④ 画面左上の<をタップします。

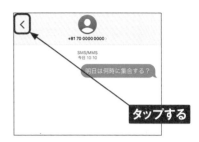
タップする

⑤ やりとりがメッセージや電話番号ごとに分かれて表示されています。

MEMO　SMSとiMessageの見分け方

相手がApple製品以外の場合は、手順③の入力フィールドに「SMS/MMS」と表示され、Apple製品の場合は、「iMessage」と表示されます。

4

ⓤ SMSのメッセージを受信する

(1) 画面にSMSの通知のバナーが表示
されたら（通知設定による）、バナー
をタップします。

(2) SMSのメッセージが表示されます。

(3) 本文入力フィールドに返信内容を入
力して、⬆をタップすると、すぐに返
信できます。

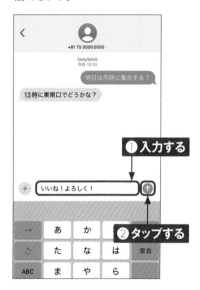

" " " "
MEMO **スリープ時に
受信したとき**

iPhoneがスリープ時にSMSの
メッセージを受信すると、ロック
画面に通知が表示されます。通知
をタップし、［開く］をタップする
と、手順②の画面が表示されます。

🔘 iMessageを設定する

① ホーム画面で[設定]をタップします。

② 「設定」アプリが起動するので、[メッセージ]をタップします。

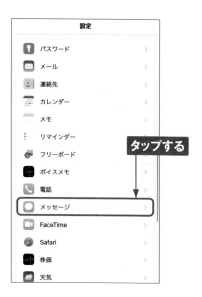

③ 「iMessage」が🔘であることを確認したら、[送受信]をタップします。

④ Apple IDを設定していない場合は、[iMessageにApple IDを使用]をタップします。表示されていない場合は、P.82手順⑥に進みます。

4

⑤ Apple IDとパスワードを入力し、[サインイン] をタップします。

❶入力する

キャンセル　　　　　　サインイン

**Apple IDサインイン
が要求されました**

iMessageをアクティベートするには、
Apple IDを使用してサインインしてください。

asakawatetsuko@icloud.com

パスワードをお忘れですか？

❷タップする

⑥ iMessage着信用の連絡先情報欄で、利用したい電話番号やメールアドレスをタップしてチェックを付けます。

‹ Apple ID　**サインインとセキュリティ**

メールと電話番号　　　　　　編集

asakawatetsuko@icloud.com
Apple ID

+81 70-0000-0000

これらのメールアドレスと電話番号は、サインインに使用
できます。また、iMessage、FaceTime、Game Center
などで、あなたの連絡先として使用できます。

パスワードの変更

タップする

2ファクタ認証　　　　　オン ›

信頼できるデバイスと電話番号は、サインイン時の本人確認
のために使用されます。

アカウントの復旧　　　　　設定 ›

パスワードまたはデバイスのパスコードを忘れた場合は、
データ復旧のためにいくつかのオプションがあります。

故人アカウント管理連絡先　　設定 ›

故人アカウント管理連絡先とは、あなたの死後、あなたの
アカウントのデータにアクセスする権利を信頼して付与する
人のことです。

詳細設定

⑦ 「新規チャットの発信元」内の連絡先（電話番号かメールアドレス）をタップしてチェックを付けると、その連絡先がiMessageの発信元になります。

‹ Apple ID　**サインインとセキュリティ**

メールと電話番号　　　　　　編集

asakawatetsuko@icloud.com
Apple ID

+81 70-0000-0000

これらのメールアドレスと電話番号は、サインインに使用
できます。また、iMessage、FaceTime、Game Center
などで、あなたの連絡先として使用できます。

タップする

パスワードの変更

2ファクタ認証　　　　　オン ›

信頼できるデバイスと電話番号は、サインイン時の本人確認

**MEMO　別のメールアドレスを
追加する**

iMessageの着信用連絡先に別のメールアドレスを追加したい場合は、P.81手順②の画面で上部の[自分の名前] → [サインインとセキュリティ] → [編集] → [メールまたは電話番号を追加] → [メールアドレスを追加] の順にタップします。追加したいメールアドレスを入力し、キーボードの [return]をタップすれば、メールアドレスが追加されます。

‹ Apple ID　**サインインとセキュリティ**

タップする

メールと電話番号

⊖ asakawatetsuko@icloud.com
　Apple ID

+81 70-0000-0000　　　　　ⓘ

メールまたは電話番号を追加

これらのメールアドレスと電話番号は、サインインに使用
できます。また、iMessage、FaceTime、Game Center
などで、あなたの連絡先として使用できます。

 iMessageを利用する

(1) ホーム画面で◯をタップし、☑をタップします。

(2) 宛先に相手のiMessage受信用の電話番号やメールアドレスを入力し、本文入力フィールドをタップします。このときiMessageのやりとりが可能な相手の場合、本文入力フィールドに「iMessage」と表示されます。

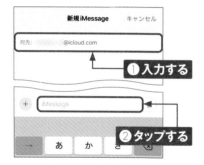

(3) 本文を入力し、⬆をタップします。

(4) iMessageで送信されると、吹き出しが青く表示されます。相手からの返信があると、同様に吹き出しで表示されます。

吹き出しが青く表示される

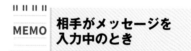

MEMO 相手がメッセージを入力中のとき

相手がメッセージを入力しているときは、••• が表示されます。

🔘 メッセージを削除する

① 「メッセージ」アプリを起動し、メッセージ一覧から、削除したい会話をタップします。

② メッセージをタッチして、[その他...]をタップします。

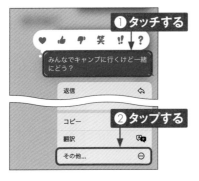

③ 削除したいメッセージの◯をタップして✅にし、🗑をタップします。

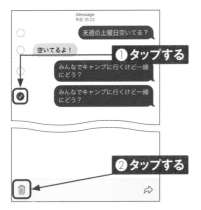

④ [○件のメッセージを削除]をタップします。

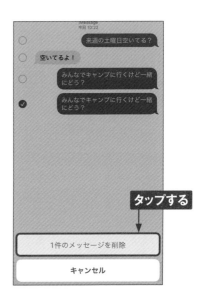

⑤ メッセージが削除されました。なお、この操作は自分のメッセージウインドウから削除するだけで、相手には影響がありません。

🔘 メッセージを転送する

1 転送したいメッセージがある会話を
タップし、メッセージ画面を表示しま
す。

2 転送したいメッセージをタッチして、
[その他...] をタップします。

3 転送したいメッセージの〇をタップし
て✅にし、↪をタップします。

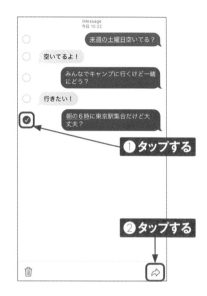

4 宛先に転送先の電話番号やメール
アドレスを入力します。さらに追加し
たいメッセージがあれば、本文入力
フィールドに入力することもできま
す。最後に⬆をタップすると、転送
されます。

iMessageの
便利な機能を使う

Application

「メッセージ」アプリでは、音声や位置情報をスムーズに送信できる便利な機能が利用できます。なお、それらの機能を利用できるのは、iMessageが利用可能な相手のみとなります。

◉ 音声をメッセージで送信する

① 「メッセージ」アプリでiMessage
を利用中に、＋をタップします。

② ［オーディオ］をタップすると、音声
の録音が開始されます。

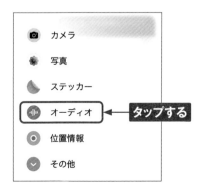

③ 録音が完了したら■をタップし、⬆
をタップします。

④ 音声が送信されます。

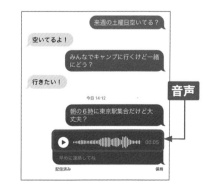

🔘 メッセージで利用できる機能

メッセージでは、iMessageに対応したアプリやメッセージ効果を利用して、メッセージを装飾することができます。

● 主な機能

❶写真を撮影して送信できます（P.92参照）。

❷メッセージに写真や動画を添付できます（P.91参照）。

❸ステッカーを送信できます。

❹メッセージに音声を添付できます（P.86参照）。

❺位置情報を送信できます（P.88参照）。

❻iMessage対応アプリをダウンロード可能な「ストア」、GIF画像の検索と送信が可能な「#画像」、タップやスケッチなど動きの送信が可能な「Digital Touch」、ミー文字の作成と送信が可能な「ミー文字」、「ミュージック」アプリ（Sec.32～33参照）で最近聴いた曲の共有が可能な「ミュージック」、目的地に無事に到着したことを家族や友人に知らせる「到着確認」を利用できます。

4

● メッセージに効果を加える

メッセージを入力し、⬆をタッチするとエフェクトが表示されます。エフェクトには、「吹き出し」と「スクリーン」の2タイプがあります。

● 手書きメッセージを送信する

iPhoneを横向きにしてキーボードの✍をタップすると、手書き文字の入力画面になります。画面をなぞることで文字を書けます。

🔄 位置情報をメッセージで送信する

①
「メッセージ」アプリでiMessageを利用中に、＋ をタップします。

②
[位置情報]をタップします。位置情報に関する項目が表示されたら[アプリの使用中は許可]をタップして、「メッセージ」アプリの使用を許可します（P.76MEMO参照）。

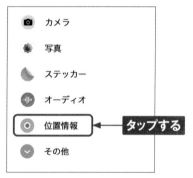

③
[共有]をタップし、任意の共有時間帯をタップします。

④
⬆をタップすると、位置情報が送信されます。タップすると、「現在地」画面が表示され、そこで地図をタップすると、全画面で地図が表示され、より詳細に周辺の地図を確認することができます。また、画面上部の相手の名前または電話番号をタップし、[位置情報をリクエスト]をタップすると、相手の位置情報を求めるメッセージを送信できます。

" " " "

MEMO | **リアクションを送る**

相手のメッセージをタッチすると、上部にTapbackが現れます。リアクションのアイコンをタップして送信します。

⏻ 送信済みメッセージを取り消す／編集する

● メッセージを取り消す

① 「メッセージ」アプリでiMessage
のメッセージ画面を表示します。

② 送信を取り消したいメッセージをタッチして、[送信を取り消す]をタップすると、送信を取り消せます。

● メッセージを編集する

① 左側の手順②の画面で[編集]を
タップします。

② 修正メッセージを入力し、✓をタップすると、メッセージが編集されます。

MEMO メッセージの取り消しや編集の期限

メッセージの取り消しや編集は、取り消しは送信後2分以内、編集は送信後15分
以内に行う必要があります。また、送信先のiPhoneがiOS 15.6以前の場合は、
送信の取り消しや編集は反映されません。

グループ iMessageを利用する

● グループ iMessageを送受信する

① グループ iMessageは、P.83手順②の画面で宛先に2人以上のiMessage受信用の電話番号やメールアドレスなどを入力して始めます。

② グループ iMessageでは、メッセージに連絡先に登録した参加メンバーの名前を入力し、変換すると、アイコンが表示され、それを選択するとメンションになります。

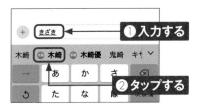

③ 特定のメッセージに返信したいときは、返信したいメッセージをタッチし、[返信]をタップして、返信メッセージを入力したら⬆をタップして送信します。

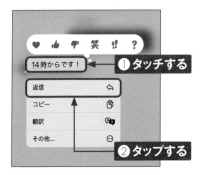

● グループ iMessageを編集する

① グループ iMessageを利用中に画面上部の[○人]をタップし、[名前と写真を変更]をタップします。

② グループ名を入力し、グループ写真を変更したいときは⬚をタップします。

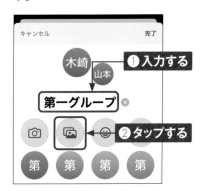

③ 写真をタップして選択し、[選択]→[完了]→[完了]→[完了]の順にタップします。

写真や動画をメッセージに添付する

1 iMessageの作成画面でメッセージを入力し、＋をタップします。

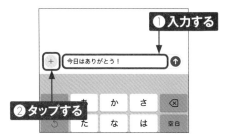

2 ［写真］をタップします。

3 添付する写真や動画をスワイプして選択し、タップします。添付が完了すると、メッセージ欄にプレビューが表示されます。●をタップして、メッセージを送信します。

4 写真が添付されたメッセージが送信されました。

4

MEMO ほかのアプリで共有されたコンテンツを確認する

受信した写真やWebページのリンクは、ほかのアプリから確認することができます。写真は「写真」アプリの「For You」の「あなたと共有」セクションに、WebページのリンクはSafariのスタートページの「あなたと共有」セクションにそれぞれ自動的に表示されます。表示されない場合は、ホーム画面で［設定］→［メッセージ］→［あなたと共有］の順にタップし、「自動共有」がオンになっているか確認しましょう。なお、反映されるまでには、時間がかかります。

写真を撮影して送信する

① iMessageの作成画面で + をタップします。

タップする

② [カメラ] をタップします。

📷 カメラ ← タップする
❋ 写真
🌙 ステッカー
📶 オーディオ
◎ 位置情報
⌄ その他

③ 「カメラ」アプリが起動します。撮りたいものにフレームを合わせて、◯ をタップします。

タップする

④ [完了] をタップすると、メッセージを付けて送ることができます。なお、⬆ をタップすると、画像のみ送信されます。

タップする

MEMO 送信時にLive Photosをオフにする

手順③の画面で◎をタップすると、Live Photos（P.155参照）をオフにして写真を送信できます。

タップする

92

ⓤ 写真のコレクションを表示する

① iMessageで4枚以上の写真が同時に送られてくると、フォトスタックにグループ化されます。

③ ⬇ → ［写真を保存］の順にタップすると、写真をiPhone内に保存できます。

② フォトスタックを左右にスワイプすることでそれぞれの写真を閲覧できます。また、写真をタップすると拡大表示されます。

MEMO 自動コラージュ

2〜3枚の写真を同時に送信または受信した場合は、自動的に写真がコラージュされた状態で表示されます。

4

93

15 | Plus | Pro | Pro Max

Application

メールを利用する

iPhoneでは、ドコモメール（@docomo.ne.jp）やiCloudメールを「メール」アプリで使用することができます。初期設定では自動受信になっており、携帯メールと同じ感覚で利用できます。

🔘 メールアプリで受信できるメールと「メールボックス」画面

iPhoneの「メール」アプリでは、ドコモメール以外にもiCloudやGmailなどさまざまなメールアカウントを登録して利用することができます。複数のメールアカウントを登録している場合、「メールボックス」画面（P.95手順④参照）には、下の画面のようにメールアカウントごとのメールボックスが表示されます。なお、メールアカウントが1つだけの場合は、「全受信」は「受信」と表示されます。

複数のメールアカウントを登録した状態でメールを新規作成すると、差出人には最初に登録したメールアカウント（デフォルトアカウント）のアドレスが設定されていますが、変更することができます（P.96手順③〜④参照）。デフォルトアカウントは、P.106手順③の画面で、画面最下部の［デフォルトアカウント］をタップすることで、切り替えることができます。

❶タップすると、すべてのアカウントの受信メールをまとめて表示することができます。

❷タップすると、各アカウントの受信メールを表示することができます。

❸タップすると、VIPリストに追加した連絡先からのメールを表示することができます（P.98〜99参照）。

❹各アカウントのメールボックスです。アカウント名をタップして、メールボックスの表示／非表示を切り替えることができます。［受信］をタップすると、❷のアカウント名をタップしたときと同じ画面が表示されます。

⚙ メールを受信する

① 新しいメールが届くと、通知やバッジが表示されます。ホーム画面で［メール］をタップします。

② 初回は「メールプライバシー保護」画面が表示されるので、［"メール"でのアクティビティを保護］または［"メール"でのアクティビティを保護しない］をタップし、［続ける］をタップします。

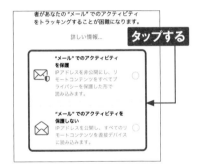

③ メールアカウントの「全受信」画面が表示された場合は、画面左上のくをタップします。

④ 受信を確認したいメールアドレスを「メールボックス」の中からタップします。ここでは、［iCloud］をタップしています。

⑤ 読みたいメールをタップします。メールの左側にある●は、そのメールが未読であることを表しています。

⑥ メールの本文が表示されます。画面左上のくをタップし、次に表示される画面で、左上のくをタップすると、「メールボックス」画面に戻ります。

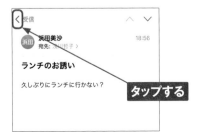

4

メールを送信する

① 画面右下の ☑ をタップします。

② 「宛先」に、送信したい相手のメールアドレスを入力し、[Cc/Bcc、差出人]をタップします。

③ 複数のメールアカウントを登録している場合は、[差出人]をタップします。

④ 使用したいメールアドレスをタップして選択します。ここでは @icloud.com のメールアドレスを選択しています。

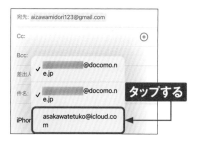

⑤ [件名]をタップし、件名を入力します。入力が終わったら、本文の入力フィールドをタップします。

⑥ 本文を入力し、画面右上の ⬆ をタップします。これで、送信が完了します。

⑦ 「メールボックス」画面に戻ります。誤送信した場合、送信直後に画面下部の[送信を取り消す]をタップすると、送信の取り消しができます。

―――

MEMO 送信を予約する

手順⑥の画面で ⬆ をタッチし、[今夜21:00に送信][明日8:00に送信]などをタップすると、送信の予約ができます。

◎ メールを返信する

1 メールを返信したいときは、P.95手順⑥で、画面下部にある ↩ をタップします。

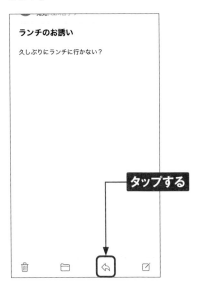

2 [返信] をタップします。

3 本文入力フィールドをタップし、メッセージを入力します。本文の入力が終了したら、↑ をタップします。相手に返信のメールが届きます。

MEMO メールを転送する

手順②で [転送] をタップして宛先を入力し、↑ をタップすると、メールを転送できます。

15　　Plus　　Pro　　Pro Max

メールを活用する

Application

「メール」アプリでは、特定の連絡先をVIPリストに追加しておくと、その連絡先からのメールをVIPリスト用のメールボックスに保存できます。また、メール作成中に写真や動画を添付できます。

VIPリストに連絡先を追加する

① ホーム画面で［メール］をタップし、「メールボックス」画面で、［VIP］をタップします。

③ VIPリストに追加したい連絡先をタップします。

② ［VIPを追加］をタップします。2回目以降は、P.99手順③の［VIP］の右の⒤をタップして、［VIPを追加］をタップします。

④ タップした連絡先がVIPリストに追加されました。［完了］をタップします。

📱 VIPリストの連絡先からメールを受信する

1 VIPリストの連絡先からメールを受け取ると、通知が表示されます。

2 P.95を参考にメールを表示すると、差出人名に★が表示されています。

3 受け取ったメールは、「メールボックス」画面の［VIP］をタップすることでかんたんに閲覧できます。

MEMO VIPリストから連絡先を削除する

手順③の［VIP］の右の①をタップし、［編集］をタップします。VIPリストから削除したい連絡先の●→［削除］の順にタップすると、VIPリストから連絡先を削除できます。

写真や動画をメールに添付する

① ホーム画面で［メール］をタップします。

② 画面右下の✍をタップします。

③ 宛先や件名、メールの本文内容を入力したら、本文入力フィールドをタップして選択し、🖼をタップします。

④ 一覧表示されている写真の部分を上方向にスワイプします。

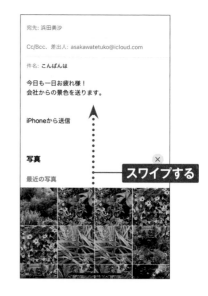

⑤ 添付したい写真をタップし、× をタップします。

⑥ 写真が添付できました。⬆をタップします。

⑦ 写真を添付する際、サイズを変更するメニューが表示されたら、サイズをタップして選択すると、メールが送信されます。

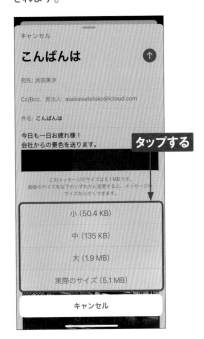

" " " " "
MEMO 動画を添付する際の注意

手順⑤で動画を選択した場合、ファイルサイズを小さくするために圧縮処理が行われます。ただし、いくら圧縮できるといっても、もとの動画のサイズが大きければ、圧縮後のファイルサイズも大きくなります。また、メールの種類によって添付できるファイルサイズに上限があるので、大容量の動画を添付する場合は注意しましょう。

15　Plus　Pro　Pro Max

迷惑メール対策を行う

Application

ドコモメールのアドレスにたくさんの迷惑メールが届いてしまうときは、迷惑メール対策を設定しましょう。特定のメールアドレスを受信拒否することもできます。

🔘 迷惑メール対策を設定する

① ホーム画面で🧭をタップします。

タップする

② ⬜をタップします。

タップする

③ [My docomo（お客様サポート）]をタップします。

ブックマーク　完了

☆ お気に入り
🔲 タブグループのお気に入り
⬜ dメニュー
⬜ dマーケット
⬜ My docomo（お客様サポート）
⬜ iPhoneユーザガイド

編集

タップする

④ [設定] → [メール設定] → [設定を確認・変更する] の順にタップします。

データ・料金　ご契約内容　お手続き　設定　オンラインショップ

例：迷惑メール　×　Q

すべてのメニュー

メール

メール設定

迷惑メール対策やメールに関する設定・確認が行えます。

設定を確認・変更する

タップする

⑤ 「パスワード確認」画面が表示され たらspモードパスワード（初期値は 「0000」）を入力し、[spモードパ スワード確認]をタップします。「ロ グイン」画面が表示されたらdアカウ ントのパスワードを入力し、[ログイン] をタップします。

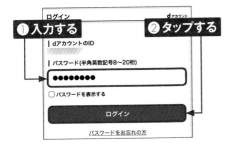

⑥ 画面を上方向にスワイプして、「迷 惑メール/SMS対策」の[かんた ん設定]をタップします。

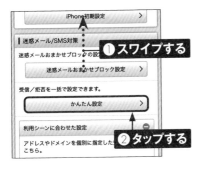

⑦ [受信拒否 強]もしくは[受信拒 否 弱]をタップし、[確認する]を タップします。ここでは[受信拒否 弱]を選択します（MEMO参照）。

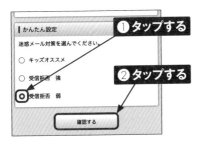

⑧ 「設定内容確認」画面が表示され るので設定を確認し、[設定を確定 する]をタップします。

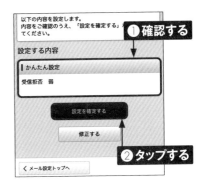

⑨ 設定が完了します。

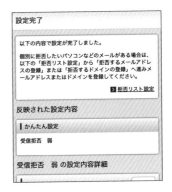

‖ ‖ ‖ ‖
MEMO フィルター設定

「受信拒否 強」もしくは「キッズ オススメ」を設定すると、パソコ ンからのメールが拒否されます。 「受信拒否 弱」では、パソコンか らのメールは受信しますが、なり すましメールが拒否されます。な お、どちらの設定でも、出会い系 サイトなどの特定のURLが入った メールは拒否されます。

特定のメールアドレスを必ず受信する

① 迷惑メールフィルターを設定してから特定のメールが届かなくなってしまった場合は、P.103手順⑥の画面で、[受信リスト設定]をタップします。

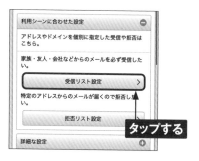

② 「受信リスト設定」の[設定を利用する]をタップして、上方向にスワイプします。

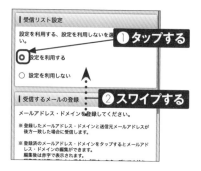

③ 「受信するメールの登録」の[さらに追加する]をタップします。

④ 入力フィールドが表示されるので、届かなくなったメールアドレスを入力します。上方向にスワイプし、[確認する]をタップします。

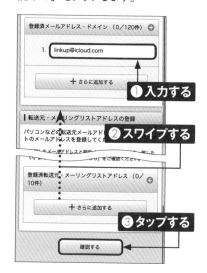

⑤ 設定内容を確認し、上方向にスワイプして[設定を確定する]をタップすると設定が完了します。

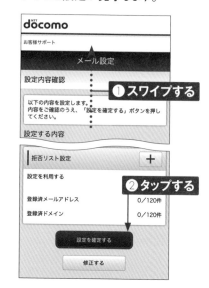

特定のメールアドレスを受信拒否する

① 特定のメールアドレスの受信を拒否したい場合は、P.104手順①の画面で［拒否リスト設定］をタップします。

② 「拒否するメールアドレスの登録」の［さらに追加する］をタップします。

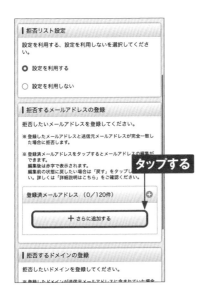

③ 入力フィールドが表示されるので、拒否したいメールアドレスを入力し、上方向にスワイプして［確認する］をタップします。

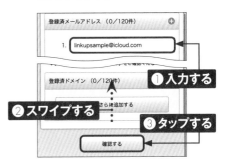

④ 「設定内容確認」画面が表示されるので、内容を確認し、上方向にスワイプして［設定を確定する］をタップすると設定が完了します。

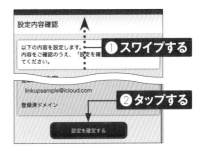
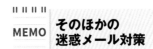

4

‖ ‖ ‖ ‖
MEMO そのほかの
迷惑メール対策

迷惑メール対策はほかにも「迷惑メールおまかせ対策」「特定URL付き拒否設定」「大量送信者からのメール拒否設定」などがあります。用途に応じて使い分けると、より便利にメールを使うことができます。

PCメールを利用する

Application

パソコンで使用しているメールのアカウントを登録しておけば、「メール」アプリを使ってかんたんにメールの送受信ができます。ここでは、一般的な会社のアカウントを例にして、設定方法を解説します。

⏻ PCメールのアカウントを登録する

(1) ホーム画面で[設定]をタップします。

タップする

(2) [メール]をタップします。

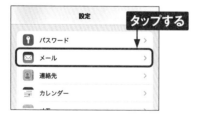

タップする

設定

🔑 パスワード
✉ メール
👤 連絡先
📅 カレンダー

(3) [アカウント]をタップします。

< 設定   メール

"メール"にアクセスを許可

🔍 Siri と検索
🔔 通知
　　バナー、バッジ
📶 モバイルデータ通信

アカウント   3 >

タップする

(4) [アカウントを追加]をタップします。

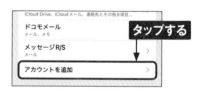

iCloud Drive、iCloud メール、連絡先とその他9項目...

ドコモメール
メール、メモ

メッセージR/S
メール

アカウントを追加

タップする

(5) [その他]をタップします。サービス名が表示されている場合は、タップして画面に従って操作します。

Aol.

Outlook.com

その他

タップする

(6) [メールアカウントを追加]をタップします。

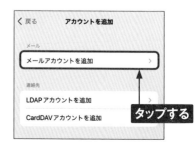

< 戻る   アカウントを追加

メール
メールアカウントを追加

連絡先
LDAPアカウントを追加
CardDAVアカウントを追加

タップする

⑦ 「メール」や「パスワード」など必要な項目を入力します。

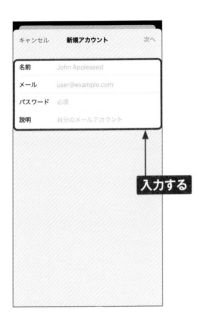

⑧ 入力が完了すると、[次へ]がタップできるようになるので、タップします。

⑨ 使用しているサーバに合わせて[IMAP]か[POP]をタップし（ここでは[POP]）、「受信メールサーバ」と「送信メールサーバ」の情報を入力します。

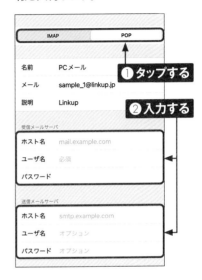

⑩ 入力が完了したら、[保存]をタップします。

⏻ メールの設定を変更する

① ホーム画面で[設定]をタップします。

② [メール] をタップします。

③ メールの設定画面が表示されます。各項目の⬤をタップするなどして、設定を変更します。

MEMO **メールの設定項目**

メールの設定画面では、プレビューで確認できる行数を変更したり、メールを削除する際にメッセージを表示したりできるほか、署名の内容なども書き換えられます。より「メール」アプリが使いやすくなるよう設定してみましょう。

Chapter **5**

インターネットを楽しむ

Webページを閲覧する

iPhoneには「Safari」というWebブラウザが標準アプリとしてインストールされており、パソコンなどと同様にWebブラウジングが楽しめます。

SafariでWebページを閲覧する

① ホーム画面で❷をタップします。

タップする

② 初回はスタートページが表示されます。ここでは［Yahoo］をタップします。

タップする

③ Webページ（ここでは「Yahoo」）が表示されました。

MEMO　スタートページとは

スタートページには、ブックマークの「お気に入り」に登録されたWebサイトが一覧表示されます（P.121参照）。また新規タブ（P.116MEMO参照）を開いたときにも、スタートページが表示されます。

⏻ ツールバーを表示する

1 Webページを開くと、画面下部にタブバーとツールバーが表示されます。

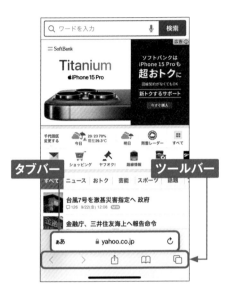

タブバー

ツールバー

2 Webページを閲覧中、上方向にスワイプしていると、タブバーやツールバーが消える場合があります。

3 画面を下方向へスワイプするか、画面の上端か下端をタップすると、タブバーやツールバーを表示できます。

表示される

スワイプする

MEMO ピンチで表示を拡大／縮小する

Safariの画面をピンチオープンすると拡大で表示され、ピンチクローズすると縮小で表示されます。なお、一部の画面ではピンチを利用できません。

ピンチオープンする

⏻ URLやキーワードからWebページを表示する

●URLから表示する

① タブバーを表示し、検索フィールドをタップします。⊗をタップして検索フィールドにある文字を削除し、閲覧したいWebページのURLを入力して、[go] をタップします。

② 入力したURLのWebページが表示されます。

●キーワードから表示する

① タブバーを表示し、検索フィールドをタップします。⊗をタップして検索フィールドにある文字を削除し、検索したいキーワードを入力して、[go]（または [開く]）をタップします。

② 入力したキーワードの検索結果が表示されます。閲覧したいWebページのリンクをタップすると、そのWebページが表示されます。

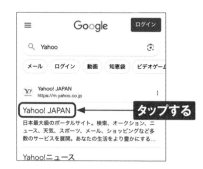

‖ ‖ ‖ ‖
MEMO QRコードの読み取り

「カメラ」アプリでは、QRコードの読み取りができます。カメラにQRコードをかざすだけで自動認識され、Webサイトの表示などが行えます。QRコードが読み取れない場合は、ホーム画面で [設定] → [カメラ] の順にタップし、「QRコードをスキャン」が◯になっていることを確認しましょう。

⏻ ページを移動する

① 1 Webページの閲覧中に、リンク先のページに移動したい場合は、ページ内のリンクをタップします。

② 2 タップしたリンク先のページに移動します。画面を上方向にスワイプすると、隠れている部分が表示されます。

③ 3 ツールバーの〈をタップすると、タップした回数だけページが戻ります。〉をタップすると、戻る直前のページに進みます。

④ 4 画面左端から右方向にスワイプすると、前のページに戻ることができます（一部のWebサイトでは、画面右端から左方向にスワイプすると、戻る直前のページに進みます）。

‖ ‖ ‖ ‖	
MEMO	**リンク先のページをプレビューする**

Webページを閲覧中、リンクをタッチすると、プレビューが表示され、リンク先のページの一部が確認できます。プレビューの外側をタップすると、もとの画面に戻ります。

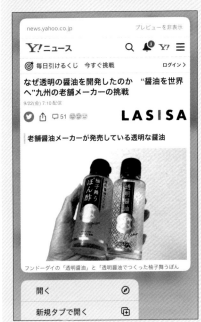

5

🔘 閲覧履歴からWebページを閲覧する

① ツールバーの📖をタップします。

② 「ブックマーク」画面が表示されるので、🕐をタップします。

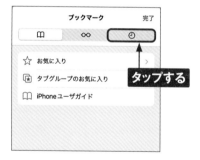

③ 今まで閲覧したWebページの一覧が表示されます。閲覧したいWebページをタップします。

④ タップしたWebページが表示されます。

"""""

MEMO **閲覧履歴を消去する**

「ブックマーク」画面で🕐をタップして、画面下部の［消去］→［すべての履歴］→［履歴を消去］→［完了］の順にタップすると、すべての閲覧履歴を消去できます。

5

⑩ そのほかの機能を利用する

● 画面の拡大／縮小

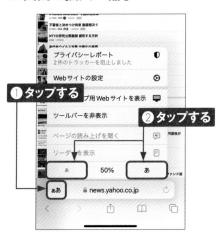

❶ タップする

❷ タップする

タブバーを表示し、ｱあをタップします。ｱをタップすると画面が拡大され、ｱをタップすると画面が縮小されます。

● PC用Webサイトの表示

タブバーを表示し、ｱあ→[デスクトップ用Webサイトを表示]の順にタップすると、パソコンのWebブラウザ用の画面が表示されるようになります。

● タブバーとツールバーの非表示

タブバーを表示し、ｱあ→[ツールバーを非表示]の順にタップすると、タブバーとツールバーが非表示になります。画面下部をタップすると、再度表示されます。

● 被写体をコピー

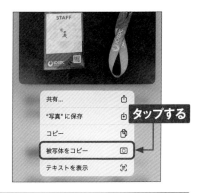

タップする

Webサイト内の、リンクが設定されていない写真をタッチします。表示されたメニューで、[被写体をコピー]をタップし、写真内の被写体が認識されると、切り抜かれてコピーされ、ほかのアプリに貼り付けることができます。

5

15　Plus　Pro　Pro Max

複数のWebページを
同時に開く

Application

Safariは、タブを使って複数のWebページを同時に開くことができます。よく見る
Webページを開いておき、タブを切り替えていつでも見ることができます。

🔘 新規タブでWebページを開く

① 開きたいWebページのリンクをタッチ
します。

② メニューが表示されるので、［新規タ
ブで開く］をタップします。

③ 新規タブが開き、タッチしたリンク先
のWebページが表示されます。

MEMO 新規タブを表示する

P.117手順②で＋をタップすると、
新規タブが表示されます。P.112
を参照して、Webページを表示し
ましょう。

5

📱 複数のタブを切り替える

① タブの切り替えはツールバーの 🗗 を
タップします。

タップする

② 閲覧したいタブをタップします。なお、
× をタップするとタブを閉じることが
できます。

タップする　　タップして閉じる

③ 目的のWebページが表示されます。
なお、タブバーを左右にスワイプす
ることでも、タブを切り替えることが
できます。

スワイプする

〟〟〟〟
MEMO タブをまとめて
一気に閉じる

開いているタブをまとめて一気に
閉じる場合は、手順①の画面で 🗗
をタッチし、[〇個のタブをすべて
閉じる] → [〇個のタブをすべて
閉じる] の順にタップします。

タップする

⏻ タブグループを作成する

(1) P.117手順②で任意のタブをタッチします。

(2) [タブグループへ移動] → [新規タブグループ] の順にタップします。

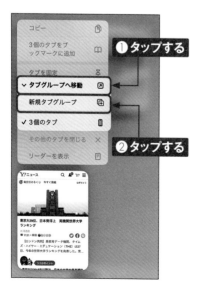

(3) タブのグループ名を入力し、[移動] をタップします。

(4) タブグループが作成されます。[完了] をタップします。

> **MEMO** タブグループに
> タブを追加する
>
> 作成したタブグループに別のタブを追加したいときは、手順②の画面で任意のタブグループ名をタップします。

⏻ タブグループを切り替える

1 P.117手順②で ≡ をタップします。

タップする

2 タブグループ名をタップすると、別の
タブグループに切り替えることができ
ます。[スタートページ]や[○個
のタブ]をタップします。

タップする

3 画面に表示されているタブ、または
画面右下の[完了]をタップします。
なお、手順①の画面下部に表示さ
れているタブグループ名や[○個の
タブ]をタップすることでも、同じ画
面を表示できます。

タップする

4 タブグループを終了して、スタート
ページ、もしくは選択したタブに切り
替わります。

MEMO タブグループを削除する

作成したタブグループを削除する
には、手順②の画面を表示して、[編
集]をタップします。削除したい
タブグループの ⊖ をタップし、[削
除]→[完了]の順にタップします。

ブックマークを利用する

Application

Safariでは、WebページのURLを「ブックマーク」に保存し、好きなときにすぐに表示することができます。ブックマーク機能を活用して、インターネットを楽しみましょう。

ブックマークを追加する

① ブックマークに追加したいWebページを表示した状態で、ツールバーにある🔖をタッチします。

② メニューが表示されるので、[ブックマークを追加]をタップします。

③ ブックマークのタイトルを入力します。わかりやすい名前を付けましょう。

④ 入力が終了したら、[保存]をタップします。ほかにフォルダがない状態では「お気に入り」フォルダが保存先に指定されていますが、フォルダをタップして変更することができます。

ブックマークに追加したWebページを表示する

1 ツールバーの📖をタップします。

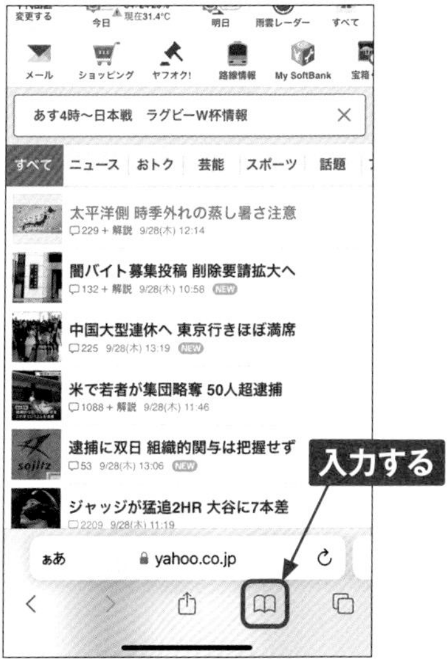

2 📖をタップして、「ブックマーク」画面を表示します。[お気に入り]をタップします。

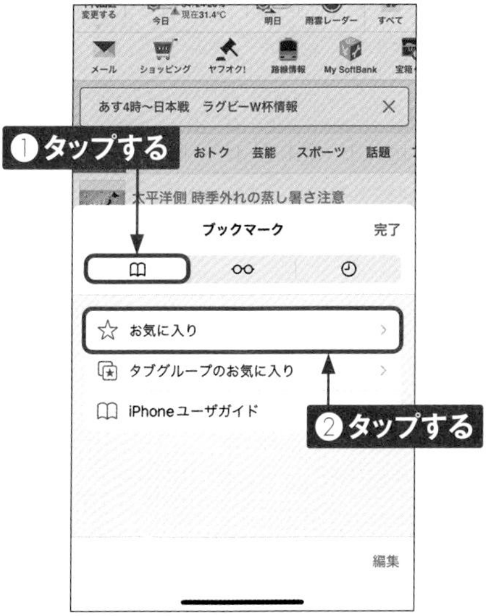

3 閲覧したいブックマークをタップします。ブックマーク一覧が表示されない場合は、画面左上の［すべて］をタップします。

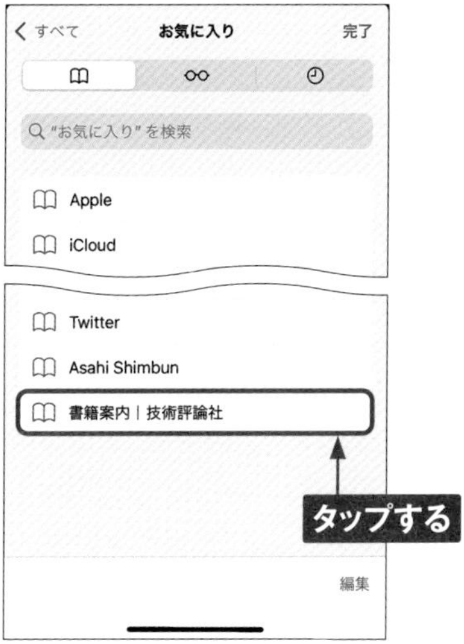

4 タップしたブックマークのWebページが表示されました。

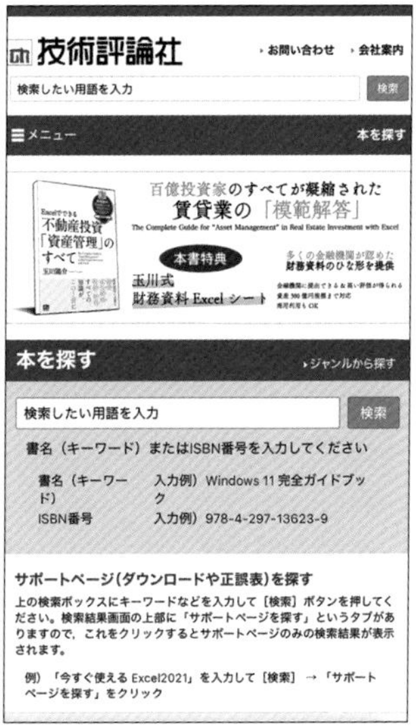

5

⚙ ブックマークを削除する

① ツールバーの📖をタップします。

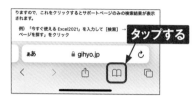

② 「ブックマーク」画面が表示されます。削除したいブックマークのあるフォルダを開き、[編集]をタップします。

③ 削除したいブックマークの➖をタップします。

④ [削除]をタップすると、削除されます。

⑤ [完了]→[完了]の順にタップすると、もとの画面に戻ります。

🔘 ブックマークにフォルダを作成する

① フォルダを作成して、ブックマークを整理できます。P.122手順③で画面左下の［新規フォルダ］をタップします。

② フォルダの名前を入力して、［完了］をタップすると、フォルダが作成されます。

③ フォルダにブックマークを移動するときは、P.122手順③でフォルダに追加したいブックマークをタップします。

④ 「場所」に表示されている現在のフォルダ（ここでは［お気に入り］）をタップします。

⑤ 移動先のフォルダをタップし、チェックを付けます。ここでは例として［技術評論社］をタップして選択します。

⑥ 画面上部のくをタップして「お気に入り」画面に戻り、画面下部にある［完了］→［完了］の順にタップします。

プロファイルを作成する

Application

Safariでは、「仕事」や「趣味」などのテーマごとにプロファイルを作成し、用途に応じて切り替えることができます。プロファイルの設定により、お気に入りや閲覧履歴、タブグループの分類が可能となります。

プロファイルを作成する

(1) ホーム画面で[設定]をタップします。

タップする

(2) [Safari] をタップします。

タップする

(3) [新規プロファイル] をタップします。

タップする

(4) 「名前とアイコン」「設定」をそれぞれ設定し、[完了] をタップします。

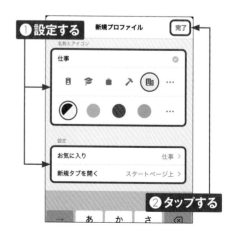

❶設定する
❷タップする

今が旬の書籍情報を満載して
お送りします!

『電脳会議』は、年6回刊行の無料情報誌です。2023年10月発行のVol.221よりリニューアルし、**A4判・32頁カラー**とボリュームアップ。弊社発行の新刊・近刊書籍や、注目の書籍を担当編集者自らが紹介しています。今後は図書目録はなくなり、『電脳会議』上で弊社書籍ラインナップや最新情報などをご紹介していきます。新しくなった『電脳会議』にご期待下さい。

大幅
増ページで
**ボリューム
アップ!**

◆ 電子書籍・雑誌を
読んでみよう！

技術評論社　GDP	検　索

で検索、もしくは左のQRコード・下の
URLからアクセスできます。

https://gihyo.jp/dp

1 アカウントを登録後、ログインします。
【外部サービス（Google、Facebook、Yahoo!JAPAN）
でもログイン可能】

2 ラインナップは入門書から専門書、
趣味書まで 3,500点以上！

3 購入したい書籍を 🛒 カート に入れます。

4 お支払いは「**PayPal**」にて決済します。

5 さあ、電子書籍の
読書スタートです！

も電子版で読める!

電子版定期購読が
お得に楽しめる!

くわしくは、
「**Gihyo Digital Publishing**」
のトップページをご覧ください。

🎁 電子書籍をプレゼントしよう!

Gihyo Digital Publishing でお買い求めいただける特定の商品と引き替えが可能な、ギフトコードをご購入いただけるようになりました。おすすめの電子書籍や電子雑誌を贈ってみませんか?

こんなシーンで…
- ●ご入学のお祝いに ●新社会人への贈り物に
- ●イベントやコンテストのプレゼントに ………

●**ギフトコードとは?** Gihyo Digital Publishing で販売している商品と引き替えできるクーポンコードです。コードと商品は一対一で結びつけられています。

くわしいご利用方法は、「Gihyo Digital Publishing」をご覧ください。

電脳会議

紙面版

新規送付の
お申し込みは…

📱 プロファイルを切り替える

① Safariを起動した状態で、ツールバーの⊡をタップします。

② ▲〜をタップします。

③ [プロファイル] をタップし、切り替えたいプロファイルをタップします。なお、「個人用」はプロファイルを作成すると自動で追加されます。

④ 初回はスタートページが表示されます。画面に表示されているタブ、または画面右下の [完了] をタップします。

⑤ プロファイルが切り替わります。

| 15 | Plus | Pro | Pro Max |

プライベート
ブラウズモードを利用する

Application

Safariでは、Webページの閲覧履歴や検索履歴、入力情報が保存されない「プライベートブラウズモード」が利用できます。プライバシーを重視したい内容を扱う場合などに利用するとよいでしょう。

⏻ プライベートブラウズモードを利用する

① Safariを起動した状態で、ツールバーの⎙をタップします。

② 画面下部の☰（またはプロファイルのアイコン）をタップします。

③ ［プライベート］をタップします。

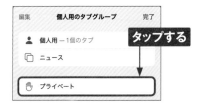

④ ［完了］をタップします。

⑤ プライベートブラウズモードに切り替わります。

"" "" ""
MEMO | **プライベートブラウズ**
モードを終了する

プライベートブラウズモードを終了するには、手順④の画面で☰（またはプロファイルのアイコン）→タブグループ名→［完了］の順にタップ、または画面下部のタブグループ名をタップします。

Chapter **6**

音楽や写真・動画を
楽しむ

15　　Plus　　Pro　　Pro Max

音楽を購入する

Application

iPhoneでは、「iTunes Store」アプリを使用して、直接音楽を購入することができます。
購入前の試聴も可能なので、気軽に利用することができます。

⏻ ランキングから曲を探す

① ホーム画面で[iTunes Store]をタップします。初回起動時は、画面の指示に従って操作します。

② iTunes Storeの音楽ランキングを見たいときは、画面左下の［ミュージック］をタップし、［ランキング］をタップします。

③ 「ソング」や「アルバム」、「ミュージックビデオ」のランキングが表示されます。特定のジャンルのランキングを見たいときは、［ジャンル］をタップします。

④ ジャンルの一覧が表示されます。閲覧したいランキングのジャンルをタップします。ここでは、［エレクトロニック］をタップします。

⑤ 選択したジャンルのソング全体のランキングが表示されます。

🔘 アーティスト名や曲名で検索する

1 画面下部の［検索］をタップします。

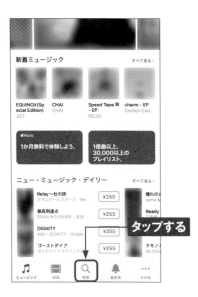

2 検索フィールドにアーティスト名や曲名を入力し、[検索]または[search]をタップします。

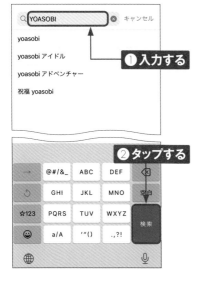

3 検索結果が表示されます。ここでは［アルバム］をタップします。

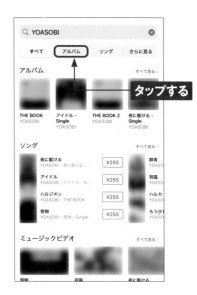

4 検索したキーワードに該当するアルバムが表示されます。任意のアルバムをタップすると、選択したアルバムの詳細が確認できます。

6

🎵 曲を購入する

① P.129手順④の次の画面では、曲の詳細やレビュー、関連した曲を見ることができます。

② 曲のタイトルをタップすると、曲が一定時間再生され、試聴できます。

③ 購入したい曲の価格をタップします。アルバムを購入する場合は、アルバム名の下にある価格をタップします。

④ [購入] をタップします。

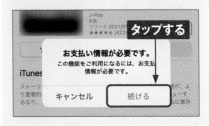

⑤ 「Apple IDでサインイン」画面が表示されたら、Apple ID（Sec.16参照）のパスワードを入力し、[サインイン]をタップします。なお、パスワードの要求頻度の確認画面が表示された場合は、[常に要求]または[15分後に要求]をタップします。

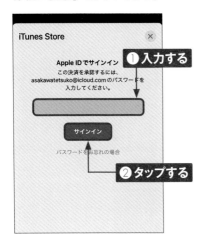

iTunes Store ✕

Apple IDでサインイン ❶入力する
この決済を承認するには、
asakawatetsuko@icloud.comのパスワードを
入力してください。

サインイン

パスワードをお忘れの場合

❷タップする

⑥ 曲の購入を確認する画面が表示された場合は、[購入する]をタップします。購入した曲のダウンロードが始まります。

〈検索

THE BOOK
YOASOBI ›

J-Pop
9曲
リリース 2021/01/06
★★★★★ (422)

コンプリート・マイ・アルバム ¥1,782
通常価格：¥2,037

| ソング | レビュー | 関連 |

iTunes レビュー

ストーリーテキストを原作に ダウンロードが始まる
り重層的な意味合いをもって
るなり、シングル曲「夜に駆ける」がバイラルヒット、、さらに表示

	名前	時間	人気	価格
1	Epilogue	00:50		¥255
2	アンコール	04:31		⊙
3	ハルジオン	03:18		¥255

⑦ [再生]をタップすると、購入した曲をすぐに聴くことができます。

〈検索

THE BOOK
YOASOBI ›

J-Pop
9曲
リリース 2021/01/06
★★★★★ (422)

コンプリート・マイ・アルバム ¥1,782
通常価格：¥2,037

| ソング | レビュー | 関連 |

iTunes レビュー

ストーリーテキストを原作に音楽を導き出すYOASOBIの タップする
り重層的な意味合いをもって迫る初のEPだ。2019年末
るなり、シングル曲「夜に駆ける」がバイラルヒット、そ さらに表示

	名前	時間	人気	価格
1	Epilogue	00:50		¥255
2	アンコール	04:31		再生
3	ハルジオン	03:18		¥255
4	あの夢をなぞって	04:00		¥255

〃〃〃〃
MEMO **支払い情報が未登録の場合**

「iTunes Store」アプリで利用するApple IDに支払い情報を登録していないと、手順⑤のあとに「お支払い情報が必要です。」と表示されます。その場合、[続ける]をタップし、画面の指示に従って支払い情報を登録しましょう。登録を終えると、曲の購入が可能になります。

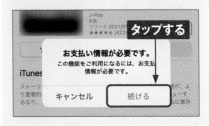

J-Pop
9曲
リリース 2021/01 タップする
★★★★☆ (422)

お支払い情報が必要です。
この機能をご利用になるには、お支払い
情報が必要です。

iTunes

ストーリー が、よ
り重層的 ューす
るなり、 に表示

| キャンセル | 続ける |

6

Application

音楽を聴く

iTunes Storeで購入した曲を「ミュージック」アプリを使って再生しましょう。ほか
のアプリの使用中にも音楽を楽しめるうえ、ロック画面やDynamic Islandでの再生操
作も可能です。

⏻「再生中」画面の見方

タップすると、再生中の曲が画面下部のミニプレーヤーに表示され、P.133手順④
の画面に戻ります。再び「再生中」画面を表示させるには、ミニプレーヤーをタッ
プします。

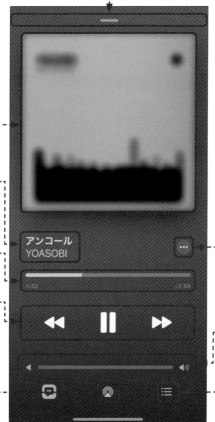

曲やアルバムのアー
トワークが表示され
ます。

曲名とアーティスト
が表示されます。

左右にドラッグする
と再生位置を調節で
きます。

各ボタンをタップす
ると曲の操作が行え
ます。

タップするとAirPlay
（P.23参照）や、Blue
tooth（Sec.79参照）
対応の機器で音楽を
再生します。

タップすると、「ラ
イブラリに追加」「プ
レイリストに追加」
などのメニューが表
示されます。

左右にドラッグする
と音量を調節できま
す。

次に再生される曲の
一覧が表示されま
す。

132

🎵 音楽を再生する

① ホーム画面で🎵をタップします。Apple Musicの案内が表示されたら、✕もしくは［続ける］→［今はしない］の順にタップします。

タップする

② ［ライブラリ］をタップし、任意の項目（ここでは［アルバム］）をタップします。

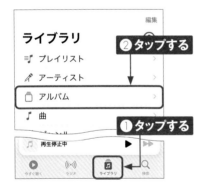

ライブラリ
②タップする
=♪ プレイリスト
♫ アーティスト
☐ アルバム
♪ 曲
①タップする
🎵 再生停止中
今すぐ聴く　ラジオ　ライブラリ　検索

③ 任意のアルバムをタップします。

アルバム
🔍 アルバムで検索
▶ 再生　　⤬ シャッフル
タップする
THE BOOK

④ 曲の一覧を上下にドラッグし、曲名をタップして再生します。画面下部のミニプレーヤーをタップします。

①ドラッグする
②タップする
③タップする

⑤ 「再生中」画面が表示されます。一時停止する場合は⏸をタップします。

タップする

MEMO ロック画面やDynamic Islandで音楽再生を操作する

音楽再生中にロック画面を表示すると、ロック画面に「ミュージック」アプリの再生コントロールが表示されます。また、音楽再生中にホーム画面を表示すると、Dynamic Islandにアートワークと音の波形が表示され、タッチすると再生コントロールが表示されます。

アンコール
YOASOBI
0:19　　　　　　　-4:12

133

Apple Musicを
利用する

Apple Musicは、インターネットを介して音楽をストリーミング再生できるサービスです。サブスクリプションで提供されており、月額料金を支払うことで、1億曲以上の音楽を聴き放題で楽しめます。

Apple Musicとは

Apple Musicは、サブスクリプション制の音楽ストリーミングサービスです。ストリーミング再生だけでなく、iPhoneやiPadにダウンロードしてオフラインで聴いたり、プレイリストに追加したりすることもできます。個人プランは月額1,080円、ファミリープランは月額1,680円、学生プランは月額580円で、利用解除の設定を行わない限り、毎月自動で更新されます。サブスクリプションを購入すると、iTunes Storeで販売しているさまざまな曲とミュージックビデオを自由に視聴できるほか、著名なアーティストによるライブ配信のラジオなどを聴くこともできます。また、ファミリープランでは、家族6人まで好きなときに好きな場所で、それぞれの端末上からApple Musicを利用できます。なお、Apple Oneに登録することでもApple Musicを利用できます。Apple Oneは、Apple Music、Apple TV+、Apple Arcade、iCloud+の4つのサービスを個人プランは月額1,200円、ファミリープランは月額1,980円で利用できます。

Apple Musicでは、プロフィールを登録して、ほかのユーザーと曲やプレイリストを共有することができます。

SiriからApple Musicを利用する、Voiceプランも選択することができます（月額480円、1カ月間無料）。安価ですが、ほかのプランに比べるとできることに制限があります。

Apple Musicの利用を開始する

(1) ホーム画面で🎵をタップし、[今すぐ聴く] をタップします。

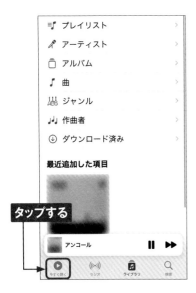

(2) 「Apple Musicを6か月間無料で楽しもう。」の [無料で開始]（条件によって表示は異なります）をタップします。

(3) アカウントを確認し、[サブスクリプションに登録] をタップします。

(4) 気になるジャンルとアーティストを画面に従って登録し、[完了] をタップするとApple Musicの利用が開始します。

6

" " " "

MEMO **サブスクリプション購入のお知らせを確認する**

Apple Musicのサブスクリプションを開始すると、Apple IDのメールアドレス宛に「サブスクリプションの確認」という件名でメールが届きます。このメールには、購入日や更新価格などが記載されているので、大切に保管しましょう。

🎵 Apple Musicで曲を再生する

(1) ホーム画面で🎵→［見つける］の順にタップして、聴きたいプレイリストをタップします。

(2) プレイリストの曲の一覧が表示されます。聴きたい曲をタップします。

(3) 曲の再生が始まります。⏸をタップすると、再生が停止します。

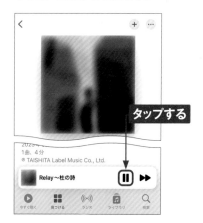

(4) 手順①の画面で好きなプレイリストをタップし、＋→［ライブラリを同期］の順にタップするとライブラリに追加され、続けて↓をタップすると、曲をダウンロードできます。

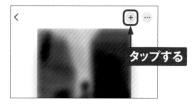

(5) ダウンロードが完了すると、ライブラリからいつでも再生できるようになります。

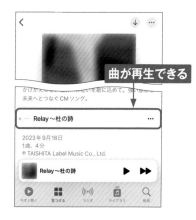

MEMO モバイル通信でストリーミングをオフにする

モバイル通信でのストリーミングをオフにしたい場合は、ホーム画面で［設定］→［ミュージック］→［モバイルデータ通信］の順にタップし、「モバイルデータ通信」の🔘をタップして⚪にします。

⏻ Apple Musicの自動更新を停止する

① ホーム画面で🎵→［今すぐ聴く］の順にタップし、◉をタップします。

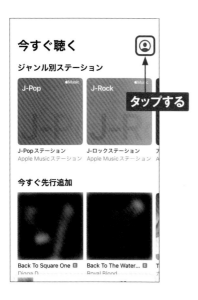

② ［サブスクリプションの管理］をタップします。

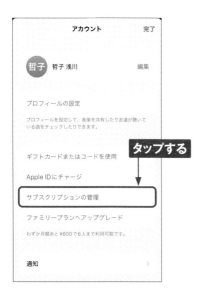

③ ［無料トライアルをキャンセルする］もしくは［サブスクリプションをキャンセルする］をタップします。

④ キャンセルの確認画面が表示されるので、［確認］をタップし、［完了］→［完了］の順にタップします。

15　Plus　Pro　Pro Max

写真を撮影する

Application

iPhoneには背面と前面にカメラがあります。さまざまな機能を利用して、高画質な写真を撮影することが可能です。ナイトモードを利用すれば、暗いところでもきれいに撮影ができます。

写真を撮る

1 ホーム画面で［カメラ］をタップします。初回起動時は、画面の指示に従って操作します。

タップする

2 画面をピンチすると、ズームイン／アウトすることができます。また、画面下部の数字をタップするか、タッチして目盛りをドラッグすることで、ズームの倍率を変更できます。

ピンチする

3 ピントを合わせたい場所をタップします。オートフォーカス領域と露出の設定が黄色い枠で表示され、タップした位置を中心に自動的に露出が決定されます。

タップする

4 ◉をタップすると、撮影が実行されます。

タップする

⑤ 写真モード時に◯を左方向にスワイプすると、指を離すまで連続写真を撮影することができます。

⑥ 撮影した写真や動画をすぐに確認するときは、画面左下のサムネイルをタップします。写真や動画を確認後、撮影に戻るには、左上のくをタップします。

" " " "
MEMO iPhone 15 Pro ／ Pro Maxの撮影機能

iPhone 15 Pro ／ Pro Maxでは3つのカメラを搭載しており、iPhone 15 Proでは3倍、iPhone 15 Pro Maxでは5倍までの光学ズーム撮影と2センチまでのマクロ撮影が可能です。これらはカメラを自動で切り替えて行われます。また、ホーム画面で［設定］→［カメラ］→［フォーマット］の順にタップし、「ProRAWと解像度コントロール」や「Apple ProRes」をオンにすると、より高画質な写真や動画が撮影できます。

ⓤ 写真モードの画面の見方

画面上部の △ をタップすると、撮影機能を表示することができます。なお夜間では、❶と❷の間に ◐ が表示され、ナイトモードを利用できます。

> フラッシュのオン／オフを切り替えます。

> 機能を切り替えるメニューが表示され、タイマーやフィルタを設定できます（下の画面参照）。

> Live Photosのオン／オフを切り替えます（P.155参照）。

> カメラの切り替えができます。タッチして目盛りを左右にドラッグすると、細かくズームを設定できます。

> 画面を左右にスワイプすると、カメラモードを変更できます。

> タップすると、背面カメラと前面カメラを切り替えます。

> ❶フラッシュの自動／オン／オフを切り替えます。

> ❷Live Photosの自動／オン／オフを切り替えます。

> ❸フォトグラフスタイルを変更できます（P.145参照）。

> ❹写真の縦横比をスクエア／4：3／16：9のいずれかに設定できます。

> ❺露出を調整できます。

> ❻3秒後または10秒後のタイマーを設定できます。

> ❼フィルタを設定した状態で撮影できます。

◎ 前面カメラで撮影する

① 前面カメラで撮影するときは、P.138手順②の画面で、🔄をタップします。

タップする

② 前面カメラに切り替わります。画角を変更したい場合は、🔳をタップします。

タップする

③ 画角が広がります。前面カメラでの撮影方法は、背面カメラと同じです（P.138 〜 139参照）。

6

```
|| || || ||
MEMO   前面カメラの機能
```

前面カメラも、背面カメラと同様、2枚の異なる露出の写真から、最適な露出に合成できるスマートHDRが利用でき、動画撮影機能も背面カメラと同じ最大で4K/60fpsまでの撮影が可能となっています。また、120fpsのスローモーションでのセルフィーが利用できます。

📱 ナイトモードを利用する

① 写真モード時、暗いところで撮影しようとすると、自動的にナイトモードになり、画面左上に🌙が表示されます。

表示される

② ナイトモードのアイコンが黄色になり、秒数が表示されたら◯をタップします。

タップする

③ 秒数は設定で変更することが可能です。手順②の画面で∧をタップし、🌙をタップします。

❶タップする

❷タップする

④ 画面下部に表示される目盛りをドラッグして、秒数を設定します。なお、0に設定すると、ナイトモードが解除されます。

ドラッグする

ⓤ ポートレートモードで背景をぼかして撮影する

① ホーム画面で［カメラ］をタップし、画面を左方向に1回スワイプします。

スワイプする

② 被写体との距離を調整し、ポートレートモードが利用できるようになると、「自然光」の表示が黄色くなり、ピントが合っている被写体の周りがぼけた状態になります。

黄色になる

③ 下部の照明効果をドラッグして選択し、⚪をタップします。

❶ドラッグする

❷タップする

MEMO 人物以外や前面カメラでも利用できる

ここでは人物を撮影していますが、人物以外の物体やペットなどでもポートレートモードを利用することができます。また、写真モードで人物やペットを認識する表示される ⨍ をタップすることでも、背景のぼかしが適用されます。なお、ポートレートモードは前面カメラでも撮影が可能です。

タップする

📱 画面内の文字を認識する

1 ホーム画面で［カメラ］をタップし、文字をカメラで写します。

カメラで写す

2 文字を認識すると文字が黄色の括弧で囲まれるので、をタップします。

タップする

3 認識した文字に対して操作を選択してタップします。電話番号をタップすると通話メニュー、URLをタップするとSafariが起動します。なお、英語などの対応言語の場合は翻訳することもできます。

タップする

〃 〃 〃 〃
MEMO 「写真」アプリで 文字認識を利用する

撮影中のものだけではなく、撮影済みの写真や動画内に写っている文字の認識も可能です。「写真」アプリから写真や動画を表示し、文字を認識してみましょう（P.159参照）。

ⓤ フォトグラフスタイルを適用して撮影する

① ホーム画面で [カメラ] をタップし、画面上部の△をタップします。

② 表示されたメニューから◙をタップします。

③ 左右にスワイプして、フォトグラフスタイルを選択します。選択したら、◯をタップして撮影します。

6

15 | Plus | Pro | Pro Max

動画を撮影する

iPhoneの動画撮影では、さまざまな機能が用意されています。「アクションモード」や「シネマティックモード」などを利用することで、映画のような本格的な動画撮影も可能です。

6

🎞 動画を撮影する

① ホーム画面で［カメラ］をタップし、カメラを起動します。カメラモードが「写真」になっているときは、画面を右方向に1回スワイプし、「ビデオ」に切り替えます。

スワイプする

② ◉をタップして撮影を開始します。撮影中は画面上部の撮影時間が赤く表示されます。撮影中にピンチすると、ズームイン／アウトできます。

タップする

③ ◉をタップすると、動画の撮影を終了します。撮影した動画を確認するには、画面左下に表示されるサムネイルをタップします。

タップする

MEMO アクションモードを利用する

歩きながら撮影する場合は、手ぶれ補正をしてくれる「アクションモード」が便利です。手順②で画面左上の■をタップすると、アクションモードが利用できるようになります。なお、アクションモードで撮影できる解像度は最大2.8Kです。

⏺ シネマティックモードで撮影をする

① ホーム画面で[カメラ]をタップし、[シネマシティック]までスワイプします。「シネマティックビデオ」画面が表示されたら、[続ける]をタップします。

② ◉をタップすると、撮影を開始します。人物をタップすると、その人物にピントが合います。

③ 別の人物をタップすると、その人物にピントが合います。人物をダブルタップすると、その人物にピントが合い続け自動追尾します。◉をタップすると、撮影が終了します。

‖‖‖‖‖
MEMO **シネマティックモード**

シネマティックモードでは、動画撮影の際に被写体の動きを認識し、自動で被写体にピントを合わせ、周囲をぼかすことができます。さらに、被写体の動きを認識して自動で追従したり、人物が顔を向けた方向にピントの対象を変更したりする機能があります。また、撮影後の編集で、ぼかしの度合いやピントの対象を変えることもできます（P.163参照）。

15　Plus　Pro　Pro Max

写真や動画を閲覧する

Application

解像度と色の表現力が高いディスプレイを搭載するiPhoneは、写真や動画の閲覧に最適です。撮影した写真や動画をiPhoneで楽しみましょう。

⏻ 写真を閲覧する

① ホーム画面で[写真]をタップします。初回起動時は、画面の指示に従って操作します。

② [ライブラリ]をタップすると、初回起動時は、「すべての写真」タブになり（P.150参照）、撮影した順番にすべての写真と動画が表示されます。

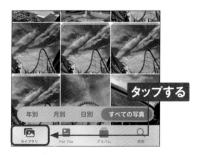

③ 上下にスワイプすると、保存された写真や動画を確認できます。任意の写真をタップします。

④ タップした写真が大きく表示されます。画面をピンチすることで、写真を拡大・縮小できます。

⑤ 画面を左右にスワイプすると、前後の写真が表示されます。

⑥ 画面を上方向にスワイプすると、写真の情報が表示されます。

動画を閲覧する

① P.148手順①〜②を参考に写真や動画の一覧を表示します。上下にスワイプして閲覧したい動画を探し、タップします。動画には、サムネイルの右下に時間が表示されています。

② 動画が表示され、自動再生されます。

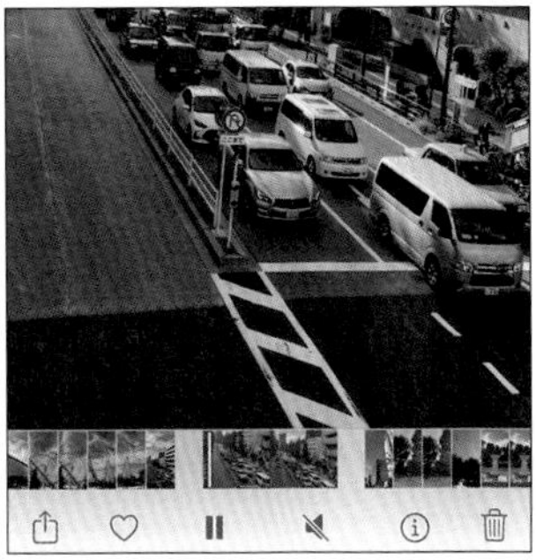

③ 動画を一時停止する場合は、手順②の画面で ⏸ をタップします。再生するには、▶ をタップします。

④ 動画は消音で再生されます。音を出したい場合は、手順②の画面で 🔇 をタップします。消音に戻すには、🔊 をタップします。

⏱「ライブラリ」タブの見方

●年別

年別に写真や動画が表示されます。
サムネイルに表示される写真は、過
去数年で今日と同じか近い日付に撮
影された写真が自動で選ばれます。

●月別

月別に写真や動画が表示されます。
写真はイベントごとにまとめられ、
ベストショットが自動で選ばれます。

●日別

日別に写真や動画が表示されます。
大きさや配置は自動で設定されます。

●すべての写真

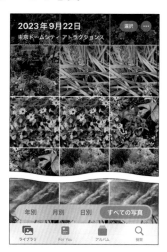

写真、動画、スクリーンショットなど、
すべてのデータが撮影・保存された
順番に表示されます。

🔘 「写真」 アプリの各タブの役割

●ライブラリ

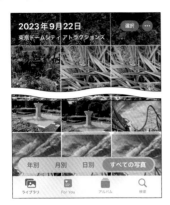

「ライブラリ」タブでは、「年別」「月別」「日別」「すべての写真」で振り分けられた写真や動画を一覧表示できます。「すべての写真」では、フィルタを適用して絞り込むことが可能です。

●For You

「For You」タブでは、写真や動画の中から自動で思い出が生成される「メモリー」や、誰かと共有できそうな写真を集めた「共有の提案」、共有アルバムのアクティビティ確認などを利用できます。

●アルバム

「アルバム」タブでは、作成したアルバムや共有アルバムなどのほかに、セルフィー、ポートレート、撮影地など、写真の種類別に振り分けられたコレクションが表示されます。

●検索

「検索」タブでは、キーワード、顔写真、撮影地などから写真や動画を検索できます。また、自動で振り分けられたカテゴリが作成されるので、そこからの検索も可能です。

6

⏻ 「For You」タブで写真を閲覧する

① 「写真」アプリを起動し、[For You] をタップして、「メモリー」欄の [すべて表示] をタップします。

② メモリーをタップします。

③ メモリーが再生され、自動的に作成されたメモリーやメモリーに含まれる写真、撮影地などが表示されます。

④ 手順③で画面をタップすると、曲の再生や停止、ミュージックの変更などの操作ができます。

⑤ 手順④の画面で◉をタップすると、写真やタイトルを変更できます。

MEMO **おすすめ写真を確認する**

「For You」タブでは、メモリーのほかに、友だちと手軽に写真の共有をすることができます。アプリが写真に写っているイベントや場所を特定し、同一の写真をまとめてくれます。複数人で写っている写真では、それぞれの顔を認識して、その友だちと共有することをおすすめしてくれます。

⏻ 「アルバム」タブで写真や動画を閲覧する

① 「写真」アプリを起動し、[アルバム] をタップして、閲覧したいアルバム(ここでは [最近の項目])をタップします。

② 上下にスワイプして写真や動画を探し、閲覧したい写真や動画をタップします。動画には時間が表示されており、タップすると自動再生されます。

③ 写真が表示されます。画面を左右にスワイプすると、前後の写真が表示されます。画面下部の♡をタップすると「お気に入り」アルバムに追加されます。

 " " " "
MEMO 「ピープルとペット」アルバムを活用する

手順①の画面で「ピープル、ペット、および撮影地」の [ピープルとペット] をタップすると、人物やペットが写った写真が自動的にまとめられる「ピープルとペット」アルバムが表示されます。人物、ペット別に写真が区分けされているため、特定の人物やペットの写真を探したい場合に便利です。

📱 写真を非表示にする

1 写真を非表示に設定することで、「写真」アプリや「写真」アプリのウィジェットで表示しないようにすることができます。P.148手順②やP.153手順②の画面で右上の［選択］をタップし、非表示にしたい写真をタップします。

2 画面右下の⚬⚬⚬をタップし、［非表示］をタップします。

3 ［○枚の写真を非表示］をタップします。

- - - - -
MEMO 非表示アルバム

非表示にした写真は、「アルバム」タブの［非表示］アルバムをタップして見ることができます（パスコードの入力が必要）。同様の操作で手順②の画面に表示される［非表示を解除］をタップすると、写真を再表示できます。

🔘 Live Photosを再生する

① 右下のMEMOを参考に、「Live Photos」がオンの状態で撮影した写真を表示し、画面をタッチします。

② 写真を撮影した時点の前後1.5秒の音と映像が、再生されます。

③ 指を離すと、最初の画面に戻ります。

> **MEMO** **Live Photosをオフにする**
>
> Live Photosは通常の写真よりも、ファイルサイズが大きくなります。iPhoneの容量が残り少ない場合などは、Live Photosをオフにしておくとよいでしょう。Live Photosをオフにするには、ホーム画面で「カメラ」アプリをタップし、画面上部の◉をタップして◉にします。

6

写真や動画を
編集・利用する

iPhone内の写真や動画を編集してみましょう。明るさの自動補正のほか、「傾き補正」や「フィルタ」、「調整」などを利用できます。また、動画の編集ではトリミングで長さを変更できます。

📷 写真を編集する

① 「写真」アプリで、編集したい写真を表示し、画面右上の［編集］をタップします。

② 「調整」画面が表示され（ポートレートモードの写真はP.160 ～ 161参照）、明るさやコントラストなどの補正が行えます。ここでは🪄をタップします。

③ 写真が自動補正されます。アイコンの下に表示される目盛りを左右にドラッグすると、好みに合わせた補正ができます。

④ より詳細な補正を行いたい場合は、補正項目のアイコンを左にスワイプし、目盛りを左右にドラッグして細かく調整します。

MEMO　編集中に編集前の画像を確認する

写真を編集中に編集を行う前のオリジナル画像を確認したいときは、表示されている写真をタップします。どれくらいの補正ができているか、すばやく確認することができて便利です。

5 フィルタをかけてカラーエフェクトをかんたんに設定したいときは［フィルタ］をタップします。

タップする

6 フィルタ部分を左右にスワイプし、フィルタを設定します。フィルタの下の目盛りを左右にドラッグすると、フィルタの強度の調整ができます。

②ドラッグする　①スワイプする

7 写真をトリミングするには［切り取り］をタップします。

タップする

8 写真に傾きがある場合は自動で補正されます。画面下部のアイコンと目盛りで写真の角度や歪みの調整ができます。また、▲をタップすると左右反転ができ、▢をタップするごとに写真が90度回転します。

タップする

9 自由な大きさにしたいときは、枠の四隅をドラッグしてトリミング位置を調整します。 ⊘ をタップすると写真が保存されます。

②タップする

①スワイプする

6

⏻ 写真から対象物を抜き出す

① 「写真」アプリで、写真を表示し、抜き出したい対象物をタッチします。

② 自動で抜き出しが完了すると、対象物の輪郭が光ります。そのまま指を離さずにドラッグすると、対象物を抜き出していることが確認できます。

③ 指を離すと表示されるメニューから、抜き出した写真の操作を選択します。[コピー]をタップするとメモやメールなどに貼り付けることができ、[ステッカーに追加]をタップするとiMessageのステッカーに登録できます。ここでは[共有…]をタップします。

④ ここでは[画像を保存]をタップします。

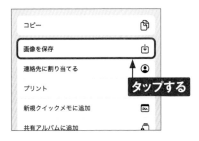

⑤ 「写真」アプリを確認すると、抜き出した画像が保存されていることが確認できます。

> """""
> **MEMO** **抜き出しが利用できる環境**
>
> 対象物がぶれている、サイズが小さい、背景と同系色、といった画像では、対象物の抜き出しが行えない場合があります。なお、この機能はスクリーンショット、動画を一時停止した画面、Safari（P.115参照）などでも利用できます。

ⓤ 写真や動画内の文字を操作する

① 「写真」アプリで文字を操作したい写真や動画を表示（動画の場合は文字が映るシーンで一時停止）し、文字部分をタッチします。写真や動画内の複数の文字をハイライト表示する場合は、画面右下の🔲をタップします。

② 文字の範囲をドラッグし、表示されるメニューから文字の操作を選択します。ここでは［調べる］→［続ける］の順にタップします。

③ 手順②で選択した範囲の文字の検索結果が表示されます。ページ内のリンクをタップすると、Safariが起動します。

6

MEMO 文字認識から利用できる操作

認識した文字は、コピー、調べる、翻訳、Web検索、ユーザー辞書登録、共有などの操作を行えます。また、認識する文字によって適切な操作メニューが表示されることもあります。たとえば、電話番号を認識するとそのまま電話をかけたり、メールアドレスを認識するとメールの作成画面を表示したりすることもできます。

⏻ ポートレートモードで撮影した写真を編集する

① 「写真」アプリでポートレートモードで撮影した写真を表示します。ポートレートモードで撮影した写真には、左上に「ポートレート」と表示されます。

② [編集] をタップします。

③ ◉をタップし、下部の照明効果を左右にドラッグすると、撮影時の照明効果を変更することができます。

④ 上部の f4.5 (被写界深度により数字は変わります) をタップし、下部の目盛りを左右にドラッグすると、被写界深度を変更することができます。

⑤ 標準の「f4.5」から「f1.4」に変更すると、かなり背景のぼかしが強くなっていることがわかります。

⑥ をタップします。変更が適用され、P.160手順①の画面に戻ります。

タップする

⑦ もとに戻したい場合は、P.160手順③の画面を表示し、[元に戻す] → [オリジナルに戻す] の順にタップします。

タップする

6

" " " "
MEMO **ポートレートモードの照明効果**

ポートレートモードの照明効果には、背景を真っ白に飛ばして撮影する「ハイキー照明（モノ）」や被写体だけにスポットライトを当てる「ステージ照明」などがあります。エフェクトを変更するだけで、スタジオで撮影したような写真を手軽に撮影できます。

ハイキー照明（モノ）

動画を編集する

① 「写真」アプリで編集したい動画を表示し、画面右上の［編集］をタップします。

② フレームの両端をそれぞれドラッグすると、動画の不要な箇所を削除することができます。黄色で囲まれた部分が動画ファイルとして残ります。［調整］をタップします。

③ 動画も写真の編集（P.156～157参照）と同様の補正ができます。［フィルタ］をタップします。

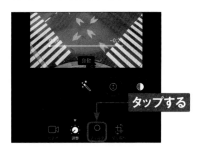

④ フィルタをかけることができます。動画をタップするとフィルタをかける前のオリジナルの動画を確認することができます。［切り取り］をタップします。

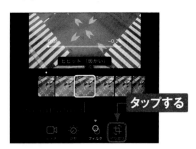

⑤ 動画の傾きが自動補正されます。をタップし、［ビデオを新規クリップとして保存］または［ビデオを保存］をタップすると動画が保存されます。

ⓤ シネマティックモードの動画を編集する

① 「写真」アプリでシネマティックモードの動画の再生画面を表示して、[編集] をタップします。

② 編集したい時間に白いバーをドラッグして移動します。ピントを合わせたい人物をタップすると、タップした人物にピントが変更されます。

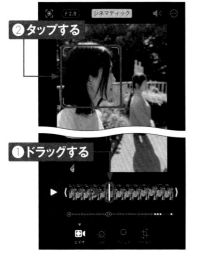

③ 手順②で f2.8 をタップし、下部の目盛りを左右にドラッグすると、被写界深度が変更できます。「f2.0」に変更すると、タップした人物以外のぼかしが強くなります。

④ ⊘ をタップすると、編集が確定します。

写真を削除する

Application

写真が増え過ぎてしまった場合は、写真を削除しましょう。写真は、1枚ずつ削除するほかに、まとめて削除することもできます。また、削除した写真は、30日以内であれば復元することができます。

⑤ 写真を削除する

① 「写真」アプリで「すべての写真」などを表示し、[選択]をタップします。

2023年9月25日　　選択　…

タップする

② 削除したい写真をタップしてチェックを付け、画面右下の🗑をタップします。

❶ タップする

❷ タップする

1枚の写真を選択中

③ メニューが表示されるので、[写真を削除](選択枚数などで変わります)→[OK]の順にタップすると、チェックを付けた写真が削除されます。

この写真は、ライブラリから削除されます。削除された写真は、"最近削除した項目"に30日間残ります。

写真を削除

キャンセル　**タップする**

〃〃〃
MEMO **削除した写真を復元する**

削除した写真は30日間は「最近削除した項目」アルバムで保管されます。「最近削除した項目」アルバムの写真のサムネイルには、削除までの日数が表示されます。写真を復元したい場合は、[選択]をタップし、復元したい写真にチェックを付け、⋯→[復元]→[写真を復元]の順にタップします。

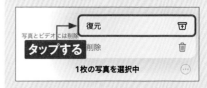

写真とビデオには削除　　復元　　🗑

タップする　削除　　🗑

1枚の写真を選択中　　⋯

Chapter **7**

アプリを使いこなす

Application

App Storeで
アプリを探す

iPhoneにアプリをインストールすることで、ゲームや読書を楽しんだり、機能を追加したりできます。「App Store」アプリを使って気になるアプリを探してみましょう。

⏻ キーワードからアプリを探す

① ホーム画面で[App Store]をタップします。初回起動時は、画面の指示に従って操作します。

② [検索]をタップします。

③ 画面上部の入力フィールドに検索したいキーワードを入力して、[検索]（または[search]）をタップします。

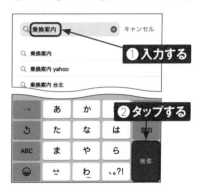

④ 検索結果が表示されます。検索結果を上方向にスワイプすると、別のアプリが表示されます。

ⓤ ランキングやカテゴリからアプリを探す

① P.166手順②の画面で［アプリ］をタップします。

② 定番のアプリや有料アプリ、無料アプリなどを確認できます。画面を上方向にスワイプします。

③ 画面の下部にある「トップカテゴリ」の［すべて表示］をタップすると、カテゴリが一覧で表示されます。ここでは、［ニュース］をタップします。

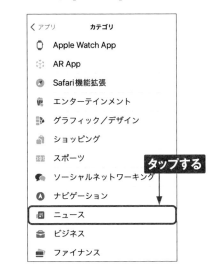

④ タップしたカテゴリのアプリが表示されます。画面を上方向にスワイプすると、有料アプリや無料アプリを確認できます。

15　Plus　Pro　Pro Max

アプリをインストール・アンインストールする

Application

ここでは、App Storeでアプリを入手して、iPhoneにインストールする方法を紹介します。アプリのアップデート、削除の方法もあわせて紹介します。

無料のアプリをインストールする

① 検索結果から、入手したい無料のアプリをタップします。

② アプリの説明が表示されます。[入手] をタップします。

③ [インストール] をタップします。

MEMO　有料のアプリを購入する

手順①を参考に有料のアプリをタップして、アプリの価格をタップし、[購入] をタップすると、手順⑥と同様にアプリがインストールされます。

④ Apple ID（Sec.16参照）のパスワードを入力し、［サインイン］をタップします（MEMO参照）。初回は「レビュー」画面が表示されるので、画面の指示に従って操作します。

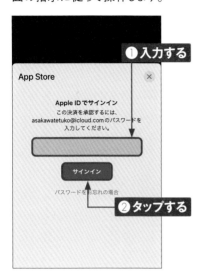

❶入力する

App Store ×

Apple IDでサインイン
この決済を承認するには、
asakawatetuko@icloud.comのパスワードを
入力してください。

サインイン

パスワードをお忘れの場合

❷タップする

⑤ 追加購入時のパスワードの入力に関する画面が表示されたら、［常に要求］または［15分後に要求］をタップします。このあと、利用規約が表示される場合があります。

くアプリ

マイナポータル
マイナンバーカードを使って各種
サービスが利用できます

1.9万件の評価　年齢　ランキング　デベロ
1.5　4+　#1
★★☆☆☆　歳　ユーティリティ　デジタ

このデバイス上で追加の購入
を行うときにパスワード
の入力を要求しますか？
これは「メディアと購入」の設定からいつ
でも変更できます。

常に要求　15分後に要求

タップする

⑥ インストールが自動で始まります。インストールが終わると、標準ではホーム画面にアプリが追加されます。

追加された

Q 検索

7

＂＂＂＂
MEMO Face IDでアプリを
インストールする

Sec.65を参考にFace IDを設定すると、手順④でApple IDのパスワードを入力する代わりにFace IDを利用して、アプリをインストールすることができます。

App Store ×

Ａ アメミル - ゲリラ豪雨を高精度に予測
する雨雲レーダー 4+
Shimadzu Business Systems Corporation
アプリ内課金があります

アカウント: asakawatetuko@icloud.com

サイドボタンで承認

📱 アプリをアンインストールする

① ホーム画面でアンインストールしたいアプリをタッチして、表示されるメニューで［アプリを削除］をタップします。

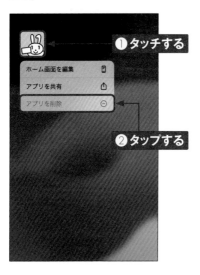

① タッチする

② タップする

② ［アプリを削除］をタップします。

"マイナポータル"
を取り除きますか？
ホーム画面から取り除くと、アプリは
アプリライブラリに保持されます。

アプリを削除
ホーム画面から取り除く
キャンセル

タップする

③ ［削除］をタップします。

"マイナポータル"
を削除しますか？
このアプリを削除すると、アプリのデータ
も削除されます。

キャンセル　削除

タップする

④ アプリがアンインストールされました。なお、手順②で［ホーム画面から取り除く］をタップすると、アイコンは消えますが、アプリはアプリライブラリに残ります。

⏻ アプリをアップデートする

① 「App Store」アプリを起動して、画面右上のアカウントアイコンをタップします。

③ アップデート可能なすべてのアプリのアップデートが開始されます。[完了]をタップします。

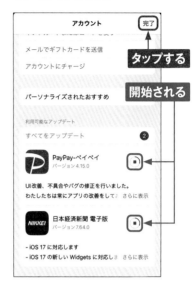

② アップデートできるアプリがある場合は、一覧が表示されます。[すべてをアップデート]をタップします。

〃 〃 〃 〃
MEMO　アプリを個別に アップデートする

アプリを個別にアップデートしたい場合は、手順②の画面でアップデートしたいアプリの[アップデート]をタップします。

15　　Plus　　Pro　　Pro Max

火
26
Application

カレンダーを利用する

iPhoneの「カレンダー」アプリでは、予定を登録して指定した時間に通知させたり、カレンダーのウィジェットに表示させたりすることができます。

予定を登録する

(1) ホーム画面で［カレンダー］をタップします。初回起動時は、画面の指示に従って操作します。

(2) 画面右上の＋をタップします。

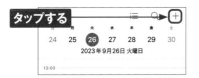

(3) 「タイトル」などを入力し、［開始］をタップします。

(4) 開始日時と終了日時を設定し、［追加］をタップします。

(5) 予定が追加されます。

🔄 予定を編集する

① P.172手順⑤の画面で、登録した予定をタップします。

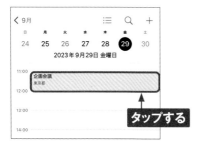

② [編集] をタップします。

③ 編集したい箇所をタップします。ここでは、[通知] をタップします。

④ 通知させたい時間をタップします。ここでは [1時間前] をタップします。

⑤ [完了] をタップすると、編集が完了します。

〃〃〃〃
MEMO　**ウィジェットでの**
予定表示

登録した予定は、カレンダーのウィジェットにも表示されます。

⏻ 予定を削除する

① 「カレンダー」アプリで削除したい予定をタップします。

② 「予定の詳細」画面が表示されるので、[予定を削除]をタップします。

③ [予定を削除]をタップします。

"""" MEMO 予定を検索する

手順①の画面で🔍をタップし、入力欄に検索したい予定名の一部を入力して[検索]をタップすると、登録した予定を検索できます。

🕐 カレンダーの表示を切り替える

① 「カレンダー」アプリで画面左上の < をタップします。

② カレンダーが月表示に切り替わりました。日付（ここでは［29］）をタップします。

③ タップした日の予定が表示されます。画面右上の☰をタップします。

④ 予定の一覧表示に切り替わりました。再度☰をタップすると、手順③の画面に戻ります。

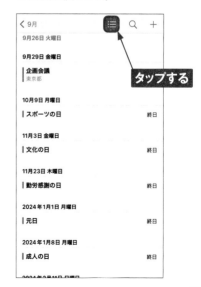

15   Plus   Pro   Pro Max

リマインダーを利用する

Application

iPhoneの「リマインダー」アプリは、リスト形式でタスクを整理するアプリです。登録したタスクを、指定した時間や場所を条件にして通知できます。ここでは、iCloudの同期をオンにした状態で解説します（P.218参照）。

タスクを登録する

(1) ホーム画面で［リマインダー］をタップします。初回起動時は、画面の指示に従って操作します。

(2) 「マイリスト」の［リマインダー］をタップし、［新規］をタップします。

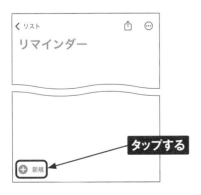

(3) 画面をタップしてタスクを入力し、[完了］をタップします。

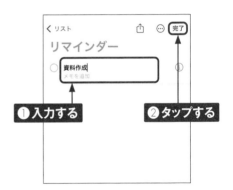

(4) タスクが登録されます。

日付を指定してタスクを登録する

1 P.176手順③の画面で📅をタップします。

タップする

2 タスクの期限日を設定します。ここでは［明日］をタップします。「リマインダーを見逃さないようにしましょう」画面が表示されたら、［続ける］→［許可］の順にタップします。

タップする

3 画面をタップしてタスクを入力し、［完了］をタップすると、タスクが登録されます。

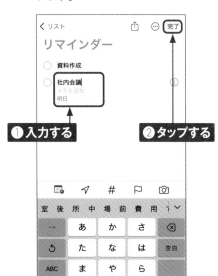

❶入力する　❷タップする

MEMO タスクの期限を通知する

手順③の画面で①をタップすると、「詳細」画面が表示されます。詳細画面の「日付」を⚪にすると指定日に、「時刻」を⚪にすると指定時刻にアラームを鳴らせて通知してくれます。

⚙ タスクを管理する

① リマインダーを表示します。タスクの内容を実行したら、○ をタップします。

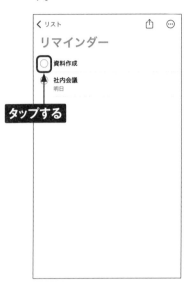

タップする

② ○ が ◉ になり、実行済みになります。実行済みのタスクは、リストに表示されなくなります。

実行済みになる

③ 実行済みのタスクを表示するときは、手順②の画面で ⋯ をタップして、[実行済みを表示]をタップします。

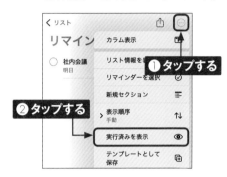

① タップする

② タップする

④ 実行済みのタスクが表示されます。

表示される

MEMO タスクを並べ替える

手順③の画面で[表示順序]をタップすると、期限や優先順位などでタスクを並べ替えることができます。

⏻ リストを管理する

(1) P.176手順②の画面で、左上のく
をタップして、[リストを追加] をタッ
プします。

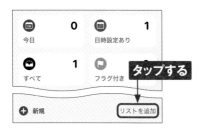

(2) リストの名前を入力して、色やアイ
コンを設定し、[完了] をタップしま
す。

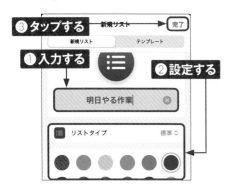

(3) 手順①の画面のマイリストにリストが
追加されます。 ⋯ → [リストを編集]
の順にタップします。

(4) [グループを追加] をタップします。

(5) グループ名を入力し、[含める] をタッ
プします。

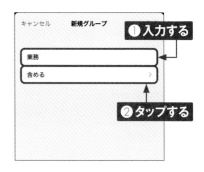

(6) グループに追加したいリストの ⊕ を
タップして ⊖ にします。 く をタップし
て手順⑤の画面に戻り、[作成] →
[完了] の順にタップすると、グルー
プが作成されます。

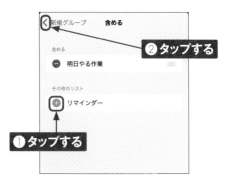

15　Plus　Pro　Pro Max

メモを利用する

Application

iPhoneの「メモ」アプリでは、通常のキーボード入力に加えて、スケッチの作成や、写真の挿入などが可能です。iCloudと同期すれば、作成したメモをほかのiPhoneやiPadと共有できます。

メモを作成する

① ホーム画面で[メモ]をタップします。初回起動時は、画面の指示に従って操作します。

②「メモ」フォルダがある場合は[メモ]をタップして、☑をタップします。

③ 新規メモの作成画面が表示されます。キーボードで、文字や絵文字を入力することができます。入力が完了したら、[完了]をタップし、保存します。

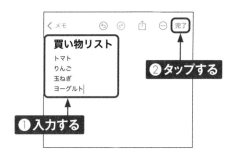

④ 手順③の画面で📷をタップして、[書類をスキャン]をタップすると、撮影した書類を「メモ」アプリに保存できます。

「メモ」アプリの機能

●クイックメモ

ほかのアプリの起動中に □（アプリによって異なります）→［新規クイックメモに追加］の順にタップすると、クイックメモを作成できます。内容を入力し、［保存］をタップすると「メモ」アプリにメモが保存されます。

●メモのピン留め

P.180手順②の画面でメモを右方向にスワイプし、□をタップすると、画面上部にピン留めできます。解除するときは、固定したメモを右方向にスワイプし、□をタップします。

●タグ

メモではタグを利用できます。「#」に続けてタグにしたい言葉を入力します。タグは1つのメモに複数挿入可能で、タグで検索できるほか、タグごとのカスタムスマートフォルダも利用できます。

●リンクの挿入

P.180手順③の画面で、リンクを挿入したい場所でタッチし、［リンクを追加］、または＞→［リンクを追加］の順にタップすると、ほかのメモへすばやく移動できるリンクを追加することができます。

翻訳を利用する

Application

「翻訳」アプリでは、音声入力で任意の言語にリアルタイム翻訳ができます。また、使用する言語をあらかじめダウンロードしておくと、電波の届かない場所でも利用できるようになります。

🔘 音声を翻訳する

7

① ホーム画面で[翻訳]をタップします。初回起動時は、画面の指示に従って操作します。

② 翻訳する言語（ここでは「英語（アメリカ）」と「スペイン語（スペイン）」）の ◇ をタップして設定します。

③ 🎤 をタップします。

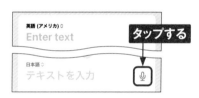

④ 翻訳したい内容を音声入力します。手順③の画面で［テキストを入力］をタップすると、テキスト入力もできます。

⑤ 翻訳した音声が自動再生され、テキストが画面に表示されます。

⑩「翻訳」アプリを活用する

●オフライン時にも使用できるようにする

①「翻訳」アプリを起動し、画面上部の⋯をタップします。

② [ダウンロードする言語] をタップします。

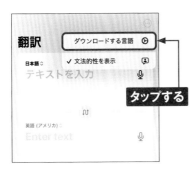

③ 言語をタップしてダウンロードすると、その言語がオフラインで使用可能になります。

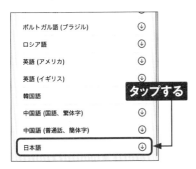

●翻訳をほかの人に見せる

① P.182手順⑤の画面で↖をタップします。

② 翻訳したテキストが大きく表示されます。▶をタップするとテキストの読み上げ、●をタップすると、手順①の画面に戻ります。

Application

地図を利用する

iPhoneでは、位置情報を取得して現在地周辺の地図を表示できます。地図の表示方法も航空写真を合わせたものなどに変更して利用できます。

現在地周辺の地図を見る

① ホーム画面で［マップ］をタップします。初回起動時は、画面の指示に従って操作します。

タップする

② 現在地が表示されていない場合は、◀をタップします。

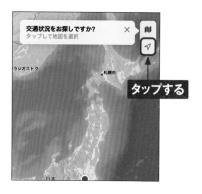

タップする

③ 現在地が青色の点で表示されます。地図を拡大表示したいときは、拡大したい場所を中心にピンチオープンします。画面の範囲外を見たいときは、ドラッグすると地図を移動できます。

ピンチオープンする

ドラッグする

MEMO　3Dマップ

地図画面を2本指で上方向にドラッグすると、3Dマップが表示されます。［2D］をタップすると、もとの表示に戻ります。

7

🔘 地図を利用する

●表示方法を切り替える

① 🗺をタップします（アイコンは表示中の地図によって変化します）。

② ［航空写真］をタップします。

③ 地図情報と航空写真を重ねた画面が表示されます。もとに戻す場合は、手順②の画面を表示して、［詳細マップ］をタップします。

●建物の情報を表示する

① 建物やお店の名称をタップします。

② 建物やお店の名称、写真などが表示されます。表示部分を上方向にスワイプすると、詳細な情報が表示されます。 × をタップすると、表示が消えます。

7

185

🎯 経路を検索する

(1) ［マップで検索］をタップします。

(2) 場所の名前や住所を入力して、表示された検索候補をタップします。［Look Around］が表示されている場合はタップすると、周囲の状況を写真で確認できます。

(3) 検索した場所の詳細が表示されます。経路（ここでは🚃）をタップします。

MEMO　ICカードの
　　　　残高不足通知

Sec.47を参考に「ウォレット」アプリにSuicaなどのICカードを登録しておくと、経路を検索したときにICカードの残高が通知されます。なお、通知されるのは残高が不足している場合のみです。

④ 現在地から目的地までの電車などの交通機関での経路が表示されます。出発地を変更する場合は［現在地］をタップして出発地を入力します。

⑤ ［出発］をタップします。

⑥ 現在位置と経路の詳細が表示されます。終了するときは × または ∧ →［経路を終了］の順にタップします。

""""
MEMO Dynamic Islandの案内表示

手順⑥のあとにホーム画面を表示すると、目的地までの案内がDynamic Islandに表示されます。

ⓤ オフラインマップをダウンロードする

① オフラインでマップを使用したいエリアをタップします。

② [さらに表示] をタップし、[マップをダウンロード] をタップします。

③ 枠をドラッグしてエリアを指定し、[ダウンロード] をタップします。

④ オフラインマップのダウンロードが開始します。

⚙ オフラインマップで地図を見る

① 画面右下のアカウントアイコンをタップします。

タップする

② ［オフラインマップ］をタップします。

タップする

浅川哲子
asakawatetuko@icloud.com

⭐ よく使う項目　　　　　追加 ＞
📍 ガイド　　　　　　　追加 ＞
🧭 オフラインマップ　　　1 ＞
⚠ 報告　　　　　　　　　　＞
⚙ 環境設定　　　　交通機関 ＞

③ 「オフラインマップのみを使用」の ◯ をタップして ◉ にします。✕を2回タップします。

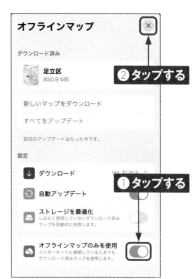

オフラインマップ ✕

ダウンロード済み

足立区
850.9 MB

②タップする

新しいマップをダウンロード
すべてをアップデート
前回のアップデートはたった今です。

設定

↓ ダウンロード　　　Wi-Fiのみ
🔄 自動アップデート
🗜 ストレージを最適化
　　しばらく使用していないダウンロード済み
　　マップを自動的に削除します。
🧭 オフラインマップのみを使用　◉
　　インターネットに接続しているときでも
　　ダウンロード済みマップを使用します。

①タップする

④ オフラインの状態でも地図が表示されるようになります。

ヘルスケアを利用する

Application

iPhoneでは、健康についての情報を「ヘルスケア」アプリに集約して管理することができます。また、Apple WatchやAirPodsと連携することでより多くのデータを収集できます。

🔘 自分に関する基本的な健康情報を登録する

① ホーム画面で［ヘルスケア］をタップします。初回起動時は、画面の指示に従って操作します。

タップする

② 名前や生年月日などを入力し、［次へ］をタップします。すべての情報を設定しなくても、あとから追加できます。

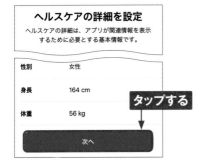

ヘルスケアの詳細を設定
ヘルスケアの詳細は、アプリが関連情報を表示するために必要とする基本情報です。

性別	女性
身長	164 cm
体重	56 kg

タップする

次へ

> """"
> **MEMO　ヘルスケアの詳細を追加する**
>
> 「ヘルスケア」アプリを起動し、アカウントアイコン→［ヘルスケアの詳細］→［編集］の順にタップすると、血液型を登録できます。身長や体重は［ブラウズ］→［身体測定値］の順にタップしてそれぞれ登録します。また、メディカルIDを登録すると、万が一の事故で自分がiPhoneを操作できない状況でもロック画面から重要な医療情報を伝えることができます。

ヘルスケアの詳細	>
メディカルID	>

機能

ヘルスケアチェックリスト	>
通知	>

プライバシー

アプリおよびサービス	>
"リサーチ" の調査	>

7

⏱ 「ヘルスケア」アプリでできること

「ヘルスケア」アプリには、自分の身体や健康に関するさまざまな情報を集約することができます。歩いた歩数や体重、心拍数、睡眠などの収集したデータは、「ヘルスケア」アプリで［ブラウズ］をタップして確認します。
また、栄養やフィットネスのサードパーティアプリや、Apple Watch、AirPods、体重計、血圧計などのデバイスと連携させてデータを収集することも可能です。

● 自動データ収集

iPhoneを持ち歩くだけで歩行データやAirPodsなどのヘッドフォンの音量、睡眠履歴を自動的に収集します。

● Apple Watchとの連携

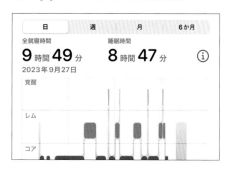

Apple Watchとペアリングすることで、睡眠中の呼吸数や心拍数を測定して、睡眠傾向のレポートを表示することができます。

● トレンド、ハイライト分析

長期間データを収集していると、心拍数、歩数、睡眠時間などのデータに大きな変化があったときに、トレンドとして表示されます。ハイライトには、最新のヘルスケアのデータが表示されます。

● ヘルスケアデータの共有

友達や家族など、「連絡先」アプリに登録されている人とヘルスケアデータを共有できます。共有することでアクティビティの急激な低下など、重大なトレンドの通知も共有されます。

Apple Payで
Suicaを利用する

Application

Apple Payは、Appleの提供する電子決済サービスです。Suicaやクレジットカードを
登録しておくと、交通機関を利用するときや、店舗で買い物をするときにスムーズに
支払いができます。

⏻ 「ウォレット」アプリにクレジットカードを登録する

(1) ホーム画面で［ウォレット］をタップ
します。

タップする

(2) ［追加］をタップします。初回起動
時は、画面の案内に従って操作し
ます。

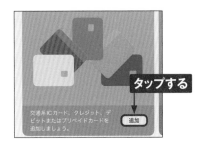

タップする

(3) ［クレジットカードなど］をタップしま
す。

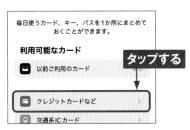

タップする

(4) ［続ける］をタップし、iPhoneのファ
インダーに登録したいカードを写しま
す。

カードを追加

(5) 「カード詳細」画面で「名前」の
欄をタップしてカードの名義を入力し、
［次へ］をタップします。

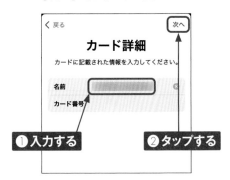

❶入力する ❷タップする

⑥ 有効期限とセキュリティコードを入力して、[次へ] をタップします。

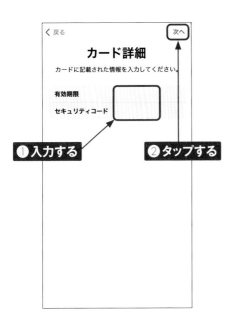

❶入力する　❷タップする

⑦ 「利用規約」画面が表示されたら、内容を確認し、[同意する] をタップします。

タップする

⑧ [完了] をタップします。

タップする

⑨ 「カード認証」画面が表示されたら、画面の指示に従って認証を行います。

🔘 Suicaを発行する

① Sec.40を参考に事前にiPhoneに「Suica」アプリをインストールしておき、ホーム画面でタップして起動します。

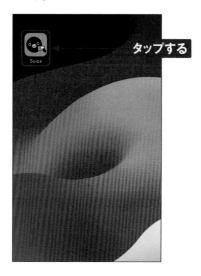

タップする

② ⊕または [Suica発行] をタップします。

タップする　Suica一覧　⊕

Suicaがありません

Suica

新規発行・Suicaカード取り込みをされる方
「Suica発行」 を選択してください。

iPhone以外から機種変更される方
「機種変更」 を選択してください。

⚠ 注意事項
iPhoneから機種変更される方

ver 3.2.1

機種変更　Suica発行

③ 左右にスワイプして、作成したいSuicaの種類（ここでは [Suica（無記名）]）を選択して、[発行手続き] をタップします。

キャンセル　Suica発行　?

アプリから発行　カード取り込み

🔲 Suica (無記名)

発行には¥1,000以上の入金(チャージ)が必要です。

Apple PayでSuicaへ入金(チャージ)頂けます。

①スワイプする

②タップする

端末の不具合・紛失時でも Suica の利用停止・

できません。

サポートセンターでのサポートを受けられません。

◀ ‥‥‥‥‥ ▶

発行手続き

• • •

④ 注意事項を確認し、問題なければ [次へ] → [同意する] の順にタップします。

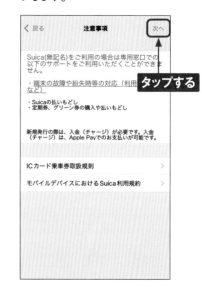

⟨ 戻る　**注意事項**　次へ

Suica(無記名)をご利用の場合は専用窓口での以下のサポートをご利用いただくことができません。

・端末の故障や紛失時等の対応（利用　**タップする**
など）

・Suicaの払いもどし
・定期券、グリーン券の購入や払いもどし

新規発行の際は、入金（チャージ）が必要です。入金（チャージ）は、Apple Payでのお支払いが可能です。

ICカード乗車券取扱規則　＞

モバイルデバイスにおけるSuica利用規約　＞

⑤ Suicaにチャージする金額を設定します。［金額を選ぶ］をタップします。

⑥ チャージしたい金額をタップします。

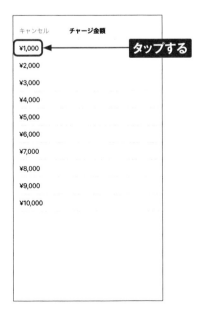

⑦ ［Payでチャージ］をタップし、画面の指示に従って支払いをします。［次へ］→［同意する］→［完了］→［OK］の順にタップするとSuicaの発行が完了します。

7

" " " "
MEMO Suicaを取り込む

手元にあるSuicaを取り込みたい場合は、P.194手順③の画面で、［カード取り込み］→［発行手続き］の順にタップします。［交通系ICカード］→［Suica］の順にタップし、画面の指示に従ってカードの情報を入力したら、［次へ］→［同意する］の順にタップします。Suicaカードの上にiPhoneを置いて取り込みましょう。なお、この操作を行うと、手元のSuicaカードは無効になり、利用できなくなります。

「ウォレット」アプリからSuicaにチャージする

(1) ホーム画面で［ウォレット］をタップ
します。

(2) チャージしたいSuicaをタップします。

(3) ［チャージ］をタップします。

(4) チャージしたい金額を入力して、［追
加する］をタップし、画面の指示に
従って操作します。

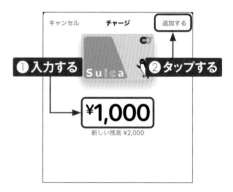

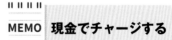

MEMO 現金でチャージする

現金でのSuicaへのチャージは、
Suica加盟店の各種コンビニや
スーパーのレジで行えます。店員
にSuicaを現金でチャージしたい
ことを伝えましょう。また、一部
の駅の券売機でも、現金でのチャー
ジが可能です。

⚙ 「Suica」アプリにクレジットカードを登録する

1 ホーム画面で「Suica」アプリをタップして起動し、[チケット購入Suica管理]をタップします。

2 クレジットカードの登録には、モバイルSuicaの会員登録が必要です。していない場合は[会員登録]→[同意する]の順にタップします。

3 画面に従って必要な情報を入力し、[次へ]をタップします。パスワードと基本情報を入力したら[完了]→[OK]の順にタップします。

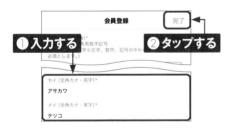

4 手順①の画面が表示される場合は再度[チケット購入Suica管理]をタップし、[登録クレジットカード情報変更]をタップします。

5 「カード番号」と「カード有効期限」を半角で入力し、[次へ]をタップして、画面の指示に従ってクレジットカードを登録します。登録後、手順①の画面で[入金(チャージ)]をタップすると、チャージ可能です。

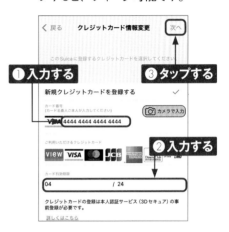

" " " "
MEMO Suicaを管理する

手順④の画面では、Suicaへのオートチャージ(ビューカードが必要)や定期券の購入、Suicaグリーン券やJR東海のエクスプレス予約など、Suicaに関するさまざまな操作が行えます。

15 Plus Pro Pro Max

FaceTimeを利用する

Application

FaceTimeは、Appleが無料で提供している音声／ビデオ通話サービスです。iPhone
やiPad、パソコンやAndroidスマートフォンとの通話が可能です。

⏻ FaceTimeの設定を行う

1 ホーム画面で[設定]をタップします。
なお、必要であればあらかじめ
Sec.19を参考に、Wi-Fiに接続し
ておきます。

タップする

2 [FaceTime] をタップします。

タップする

3 「FaceTime」が ⬭ になっている場
合はタップします。

タップする

4 FaceTimeが オ ン に な り ま す。
Apple IDにサインインしている場合
は自動的にApple IDが設定されま
す。

7

⑤ 「FACETIME着信用の連絡先情報」に電話番号と、Apple IDのメールアドレスが表示されます。

⑥ 手順⑤の画面の「発信者番号」で、FaceTimeの発信先として利用したい電話番号かメールアドレスをタップして、チェックを付けます。

" " " " "

MEMO FaceTimeをWi-Fi接続時のみ利用する

ホーム画面で［設定］→［モバイル通信］の順にタップし、「FaceTime」の⬤をタップして⬤にすると、FaceTimeがWi-Fi接続時のみ利用できるように設定できます。

7

199

☺ FaceTimeでビデオ通話する

① ホーム画面で［FaceTime］をタップします。

② ［新規FaceTime］をタップします。

③ 名前の一部を入力すると、連絡先に登録され、FaceTimeをオンにしている人が表示されます。FaceTimeでビデオ通話をしたい相手をタップし、［FaceTime］をタップします。

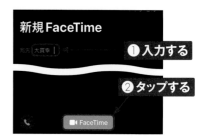

④ 呼び出し中の画面になります。相手が応答すると、通話が始まります。通話を終了するときは、✕をタップします。

" " " "
MEMO **FaceTimeで音声通話をする**

FaceTimeで音声通話をするときは、手順③の画面で📞をタップします。

7

🎥 AndroidやWindowsとビデオ通話をする

1 P.200手順②の画面で［リンクを作成］をタップします。

2 リンクの送信方法を選択します。ここでは［メール］をタップします。

3 FaceTime通話へのリンクがメールに添付されるので、宛先や件名を入力してビデオ通話したい相手に🔼をタップして、メールを送信します。

4 相手がFaceTime参加の準備をして、手順①の画面で「今後の予定」欄の［FaceTimeリンク］→［参加］の順にタップすると、ビデオ通話を開始できます。

7

ⓤ ビデオメッセージを残す

① 呼び出し相手が30秒応答しない場合、「〇〇さんは参加できません」と表示されます。[ビデオ収録]をタップします。

③ ◉をタップすると、ビデオ収録が終了します。

② ビデオ収録のカウントダウンが5秒前から開始します。

④ ⬆をタップすると、収録したビデオが相手に送信されます。

ⓤ ビデオメッセージを確認する

① ホーム画面でFaceTimeをタップします。

② ビデオが送られてきていたら、相手の名前の下に［ビデオ］と表示されます。［ビデオ］をタップします。

③ ▶をタップします。

④ 送信されたビデオが再生されます。

ⅡⅡⅡⅡ
MEMO ビデオメッセージの条件

以下の条件を満たしていると、ビデオメッセージを受け取ることができます。

・「連絡先」アプリに登録している人
・電話を受けたことがある人
・Siriに提案された人

🔵 背景をぼかしてビデオ通話をする

(1) FaceTimeのビデオ通話中の画面で自分のタイルをタップします。

(2) 🎚をタップします。

(3) ポートレートモードがオンになり、背景にぼかしがかかります。

" " " "
MEMO **Dynamic Islandの表示**

FaceTimeの着信時はDynamic Islandに着信操作の画面が表示されます。また、通話中にホーム画面を表示すると通話アイコンが表示され、タッチすると通話操作の画面が表示されます。

ⓦ FaceTimeの機能

FaceTimeでは、ビデオ通話の際にポートレートモードで背景をぼかすだけではなく、会話を楽しむためのさまざまな機能を利用できます。

●マイクのオン／オフ

ビデオ通話中にタップすることでマイクのオン／オフを切り替えられます。

●カメラのオン／オフ

ビデオ通話中にタップすることでカメラのオン／オフを切り替えられます。

●エフェクトの追加

ステッカーやフィルターなどのエフェクトを自分の画面に追加できます。

●グループ通話

複数人を通話に招待すると、グループ通話を楽しめます。画面上のそれぞれの位置から声が聞こえるように感じられます。

●周囲の音を除去

通話中にコントロールセンターで［マイクモード］→［声を分離］の順にタップすると、周囲の音を遮断でき、自分の声が相手にはっきり聞こえるようになります。

●周囲の音を含める

通話中にコントロールセンターで［マイクモード］→［ワイドスペクトル］の順にタップすると自分の声だけでなく、周囲の音をすべて含めて通話できます。

15 　 Plus 　 Pro 　 Pro Max

Application

AirDropを利用する

AirDropを使うと、AirDrop機能を持つ端末同士で、近くにいる人とかんたんにファイルをやりとりすることができます。写真や動画などを目の前の人にすばやく送りたいときに便利です。

🔘 AirDropでできること

すぐ近くの相手と写真や動画などさまざまなデータをやりとりしたい場合は、AirDropを利用すると便利です。AirDropを利用するには、互いにWi-FiとBluetoothを利用できるようにし、受信側がAirDropを［連絡先のみ］、もしくは［すべての人］に設定する必要があります。見知らぬ人からAirDropで写真を送りつけられることを防ぐために、普段はAirDropの設定を［連絡先のみ］、または［受信しない］にしておくとよいでしょう。

AirDropでは、写真や動画のほか、連絡先、閲覧しているWebサイトなどがやりとりできます。対象機種はiPhone、iPadとMacです。

送信側、受信側ともに、あらかじめ画面右上を下方向にスワイプしてコントロールセンターを開き、左上にまとめられているコントロールをタッチします。図のような画面が表示されるので、Wi-FiとBluetoothがオフの場合は、タップしてオンにします。受信側は、「AirDrop」が［受信しない］の場合は、タップします。

［すべての人（10分間のみ）］をタップすると周囲のすべての人が、［連絡先のみ］をタップすると連絡先に登録されている人のみが自分のiPhoneを検出できるようになります（iCloudへのサインインが必要）。AirDropの利用が終わったら、再度この画面を表示して［受信しない］をタップしましょう。

⚙ AirDropで写真を送信する

① ホーム画面で[写真]をタップします。

タップする

② 送信したい写真を表示して、⬆をタップします。

タップする

③ [AirDrop] をタップします。

タップする

④ 送信先の相手が表示されたらタップします。なお、送信先の端末がスリープのときは、表示されません。送信先の端末で［受け入れる］をタップすると、写真が相手に送信されます。

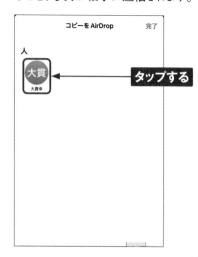

タップする

| 15 | Plus | Pro | Pro Max |

ショートカットでよく使う機能を自動化する

Application

ショートカットは、指定した複数の機能や操作を自動で行ってくれる機能です。「ショートカット」アプリでサンプルのショートカットを使用できるほか、オリジナルのショートカットを作成することも可能です。

⏻ ショートカットとは

ショートカットを使用すると、決まった時間や場所で特定のアプリや操作を自動で実行したり、複数のアプリや操作を一度にまとめて行ったりすることができます。まずは、「ショートカット」アプリに用意されているサンプルのショートカットを使って試してみましょう。よく使うショートカットはウィジェットに登録することもできます。また、iPhoneを使い込むことで、よく使うアプリや操作をもとにしたショートカットが提案されます。

「ギャラリー」タブには、あらかじめサンプルのショートカットが多数用意されています。

作成したショートカットは、「ショートカット」タブの「すべてのショートカット」画面から実行できます。

⏻ ショートカットを設定する

① ホーム画面で［ショートカット］をタップしてアプリを起動し、［続ける］をタップします。

タップする

② ［ギャラリー］をタップします。

タップする

③ 画面を上方向にスワイプして、設定したいショートカット（ここでは［トップニュースをブラウズ］）をタップします。

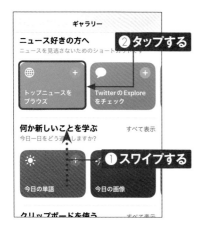

ギャラリー

ニュース好きの方へ
ニュースを見逃さないためのショートカット

② タップする

トップニュースをブラウズ

Twitter の Explore をチェック

何か新しいことを学ぶ　　すべて表示
今日一日をどう過ごしますか？

① スワイプする

今日の単語

今日の画像

クリップボードを使う　　すべて表示

④ ［ショートカットを追加］をタップします。

タップする

⊕ ショートカットを追加

⑤ ［ショートカット］をタップすると、「すべてのショートカット」画面にショートカットが追加されます。タップすることで、ショートカットが利用できます。

すべてのショートカット

🔍 検索

トップニュースをブラウズ

FaceTime ＞

ファイル ＞

タップする

ショートカット　オートメーション

『 『 『 『
MEMO **オリジナルのショートカットを作成する**

オリジナルのショートカットを作成するには、「すべてのショートカット」画面右上の＋をタップし、［アクションを追加］をタップします。「お使いのアプリからの提案」によく使うアプリや操作が表示されているので、タップして［完了］をタップすると、「すべてのショートカット」画面にショートカットが作成されます。

15　Plus　Pro　Pro Max

Application

音声でiPhoneを
操作する

音声でiPhoneを操作できる機能「Siri」を使ってみましょう。iPhoneに向かって操作してほしいことを話しかけると、内容に合わせた返答や操作をしてくれます。

Siriを使ってできること

SiriはiPhoneに搭載された人工知能アシスタントです。サイドボタンを長押ししてSiriを起動し、Siriに向かって話しかけると、リマインダーの設定や周囲のレストランの検索、流れている音楽の曲名を表示してくれるなど、さまざまな用事をこなしてくれます。「Hey Siri」機能をオンにすれば、iPhoneに「Hey Siri」（ヘイシリ）と話しかけるだけでSiriを起動できるようになります。アプリを利用するタイミングなどを学習して、次に行うことを予測し、さまざまな提案を行ってくれます。なお、iOS 17からは米国や英国、カナダ、豪州の英語圏限定で「Siri」と話しかけるだけで起動するようになりました（2023年9月現在日本未対応）。

「Hey Siri」機能をオンにする際に、自分の声だけを認識するように設定できます。

「Siriからの提案」では、使用者の行動を予想し、使う時間帯や場所に合わせたアプリなどを表示してくれます。

Siriに「英語に翻訳して」と話しかけ、翻訳してほしい言葉を話すと、英語に翻訳してくれます。

聴いている曲の曲名がわからない場合は、Siriに「曲名を教えて」と話しかけ、曲を聴かせると曲名を教えてくれます。

⏱ Siriの設定を確認する

(1) ホーム画面で[設定]をタップします。

タップする

(2) [Siriと検索]をタップします。

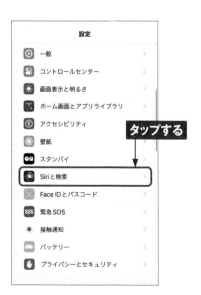

タップする

(3) 「サイドボタンを押してSiriを使用」が ◯ になっている場合はタップして、[Siriを有効にする]をタップし、Siriの声を選択して、[完了]をタップします。

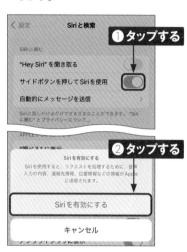

① タップする

② タップする

⠿⠿⠿⠿
MEMO Siriの位置情報を
オンにする

現在地の天気を調べるなど、Siriで位置情報に関連した機能を利用する場合は、ホーム画面で[設定]→[プライバシーとセキュリティ]→[位置情報サービス]の順にタップします。[Siriと音声入力]をタップして、[このアプリの使用中]をタップしてチェックを付けます。

タップする

📱 Siriの利用を開始する

① サイドボタンを長押しします。

② Siriが起動するので、iPhoneに操作してほしいことを話しかけます。ここでは例として、「午前8時に起こして」と話してみます。

③ アラームが午前8時に設定されました。終了するにはサイドボタンを押します。

押す

‖ ‖ ‖ ‖
MEMO **話しかけてSiriを
呼び出す**

Siriをオンにしたあとで、P.211手順③のあとの画面で［“Hey Siri”を聞き取る］の⬤をタップして、［続ける］をタップし、画面の指示に従って数回iPhoneに向かって話しかけます。最後に［完了］をタップすれば、サイドボタンを押さずに「Hey Siri」と話しかけるだけで、Siriを呼び出すことができるようになります。なお、この方法であれば、iPhoneがスリープ状態でも、話しかけるだけでSiriを利用できます。

“Hey Siri” を設定

“Hey Siri” と話しかけたときに、Siriがあなた
の声を認識します。

Chapter **8**

iCloudを活用する

iCloudでできること

Application

iCloudとは、Appleが提供するクラウドサービスです。メール、連絡先、カレンダーなどのデータをiCloudに保存したり、ほかのデバイスと同期したりできます。

インターネットの保管庫にデータを預けるiCloud

iCloudは、Appleが提供しているクラウドサービスです。クラウドとはインターネット上の保管庫のようなもので、iPhoneに保存しているさまざまなデータを預けておくことができます。またiCloudは、iPhone以外にもiPad、Mac、Windowsパソコンにも対応しており、それぞれの端末で登録したデータを、互いに共有することができます。なお、iCloudは無料で5GBまで利用できますが、有料プランのiCloud+では、月額130円で50GB、月額400円で200GB、月額1,300円で2TB、月額3,900円で6TB、月額7,900円で12TBまでの追加容量と専用の機能を利用できます。Apple Music、Apple TV+、Apple Arcade、iCloud+をまとめて購入できるApple Oneの場合は、月額1,200円の個人プランで50GB、月額1,980円のファミリープランで200GBの容量を利用できます。

●iCloudのしくみ

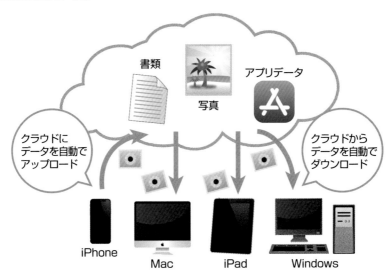

 iCloudで共有できるデータ

iPhoneにiCloudのアカウントを設定すると、メール、連絡先、カレンダーやSafariのブックマークなど、さまざまなデータを自動的に保存してくれます。また、「@icloud.com」というiCloud用のメールアドレスを取得できます。
さらに、App StoreからiCloudに対応したアプリをインストールすると、アプリの各種データをiCloud上で共有できます。

● iCloudの設定画面

カレンダーやメール、連絡先をiCloudで共有すれば、ほかの端末で更新したデータがすぐにiPhoneに反映されるようになります。

● 「探す」機能

「探す」機能を利用すると、万が一の紛失時にも、iPhoneの現在位置をパソコンで確認したり、リモートで通知を表示させたりできます。

8

〃 〃 〃 〃

MEMO iCloud（無料）で利用できる機能

iPhoneでは、iCloudの下記の機能が利用できます。
- iCloud Drive
- 書類とデータの同期
- 連絡先やカレンダーの同期
- リマインダーの同期
- 探す
- ファミリー共有
- メール（@icloud.com）
- メモの同期
- Safariの同期
- iCloudキーチェーン
- iCloud写真

Section 53

15　Plus　Pro　Pro Max

iCloudに
バックアップする

Application

iPhoneは、パソコンと同期する際に、パソコン上に自動でバックアップを作成します。
このバックアップをパソコンのかわりにiCloud上に作成することも可能です。

iCloudバックアップをオンにする

① ホーム画面で［設定］→自分の名
前の順にタップして、[iCloud]をタッ
プします。

③ 「バックアップ」画面が表示される
ので、「このiPhoneをバックアップ」
が ● になっていることを確認します。
「このiPhoneをバックアップ」が ●
になっている場合はタップします。

② [iCloudバックアップ] をタップしま
す。

④ 「このiPhoneをバックアップ」 が
● になりました。 以降は、 P.217
MEMOの条件を満たせば、 自動で
バックアップが行われるようになりま
す。

📱 iCloudにバックアップを作成する

①
手動でiCloudにバックアップを作成したいときは、Wi-Fiに接続した状態で、「バックアップ」画面で、［今すぐバックアップを作成］をタップします。

タップする

②
バックアップが作成されます。バックアップの作成を中止したいときは、［バックアップの作成をキャンセル］をタップします。

③
バックアップの作成が完了しました。前回iCloudバックアップが行われた日時が表示されます。

前回のiCloud
バックアップ日時

8

|| || ||
MEMO **自動バックアップが行われる条件**

自動でiCloudにバックアップが行われる条件は以下のとおりです。

・電源に接続している
・ロックしている
・Wi-Fiに接続している

なお、バックアップの対象となるデータは、撮影した動画や写真、アプリのデータやiPhoneに関する設定などです。アプリ本体などはバックアップされませんが、復元後、自動的にiPhoneにダウンロードされます。

15　Plus　Pro　Pro Max

iCloudの同期項目を 設定する

Application

カレンダーやリマインダーはiCloudと同期し、連絡先はiCloudと同期しないといった ように、iCloudでは、個々の項目を同期するかしないかを選択することができます。

⟳ iPhoneのiCloudの同期設定を変更する

●同期をオフにする

(1) P.216手順①を参考に「iCloud」 画面を表示して、「ICLOUDを使用 しているアプリ」の [すべてを表示] をタップし、iCloudと同期したくない 項目の◯をタップして◯にします。 ここでは、「Safari」の◯をタップ します。

(2) 以前同期したiCloudのデータを削 除するかどうか確認されます。 iCloudのデータをiPhoneに残したく ない場合は、[iPhoneから削除] を タップします。

●同期をオンにする

(1) iCloudと同期したい項目のをタップ して、◯にします。ここでは 「Safari」の◯をタップします。

(2) Safariに既存のデータがある場合 は、iCloudのデータと結合してよい か確認するメニューが表示されます。 [結合] をタップします。

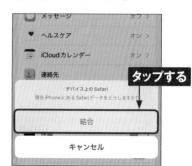

iCloud写真や
iCloud共有アルバムを利用する

Application

「iCloud写真」は、撮影した写真や動画を自動的にiCloudに保存するサービスです。保存された写真はほかの端末などからも閲覧できます。また、写真を友だちと共有する「iCloud共有アルバム」機能もあります。

iCloudを利用した写真の機能

iCloudを利用した写真の機能には、大きく分けて次の2つがあります。

●写真の自動保存

「iCloud写真」機能により、iPhoneで撮影した写真や動画を自動的にiCloudに保存します。保存された写真は、ほかの端末やパソコンなどからも閲覧することができます。初期設定では有効になっており、iCloudストレージの容量がいっぱいになるまで（無料プランでは5GB）保存できます。

●写真の共有

「iCloud共有アルバム」機能により、「写真」アプリで作成したアルバムを友だちと共有して閲覧してもらうことができます。この場合、iCloudのストレージは消費しません。

〟 〟 〟 〟

MEMO **iCloudストレージの容量を買い足す**

iCloud写真で写真やビデオをiCloudに保存していると、無料の5GBの容量はあっという間にいっぱいになってしまいます。有料プランのiCloud+で容量を増やすには、P.216手順②の画面で［iCloud+にアップグレード］をタップして、「50GB」「200GB」「2TB」「6TB」「12TB」のいずれかのプランを選択します。

リレー、メールを非公開、カスタムメールドメイン、HomeKitセキュアビデオが含まれます。

iCloud+の詳しい情報

50GB
月額¥130
写真、ファイル、バックアップのためのストレージ。　✓

200GB
月額¥400
たくさんの写真やビデオのために容量を拡大。　○

8

🔘 設定を確認する

① P.216手順①を参考に「iCloud」画面を表示し、[写真]をタップします。

② 「このiPhoneを同期」と「共有アルバム」が ◯ になっていることを確認します。iCloud写真を無効にしたい場合は、「このiPhoneを同期」の ◯ をタップします。

③ iCloud写真のコピーをダウンロードするかどうか確認されます。iCloudのデータをiPhoneに残したくない場合は、[iPhoneから削除]→[iPhoneから削除]の順にタップします。

④ iCloud写真が無効になり、自動で保存されないようになります。

⏻ 友だちと写真を共有する

① 「写真」アプリを起動して、[アルバム]をタップします。画面左上の＋をタップし、[新規共有アルバム]をタップします。

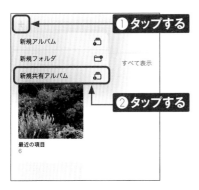

② アルバム名を入力し、[次へ]をタップします。

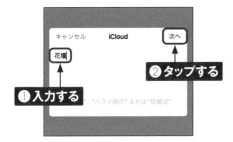

③ 写真を共有したい相手のアドレスを入力し、[作成]をタップします。

④ 画面下部の[アルバム]をタップすると、作成された共有アルバムが確認できます。

⑤ 共有先の相手にはこのようなメールが届きます。メールに記載されている[参加する]をタップすると、以降は相手も閲覧できるようになります。

8

```
" " " "
MEMO   共有アルバムに
       写真を追加する
```

手順④の画面で、作成した共有アルバムをタップし、＋をタップします。追加したい写真をタップして[完了]→[投稿]の順にタップすると、写真が追加されます。

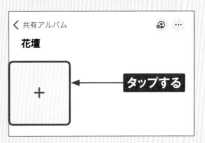

iPhoneを探す

Application

iCloudの「探す」機能で、iPhoneから警告音を鳴らしたり、遠隔操作でパスコードを設定したり、メッセージを表示したりすることができます。万が一に備えて、確認しておきましょう。

🔘 iPhoneから警告音を鳴らす

① パソコンのWebブラウザ でiCloud (https://www.icloud.com/) にアクセスし、[サインイン] をクリックします。iPhoneに設定しているApple IDを入力し、→ をクリックします。

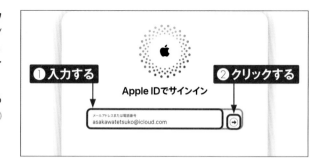

② [パスワードで続行] をクリックし、パスワードを入力し、→をクリックします。

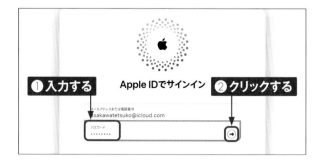

③ [デバイスを探す] をクリックします。

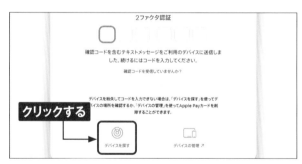

8

④ iPhoneの位置が円で表示されます。「あなたのデバイス」のデバイスをクリックします。

クリックする

⑤ ［サウンド再生］をクリックすると、iPhoneから警告音が鳴ります。

クリックする

8

⑥ iPhoneの画面にメッセージが表示されます。

「iPhoneを探す」アラート

ıı ıı ıı ıı

MEMO　最後の位置情報を送信する

iPhoneの「探す」機能は、標準でオンになっています。［設定］→自分の名前→［探す］→［iPhoneを探す］の順にタップして「最後の位置情報を送信」をオンにすると、バッテリーが切れる少し前に、iPhoneの位置情報が自動で、Appleのサーバーに送信されます。そのためバッテリーがなくなって電源がオフになる寸前に、iPhoneがどこにあったかを知ることができます。また、「"探す"ネットワーク」をオンにすると、オフラインのiPhoneを探すことができ、電源オフになっていたり（最大24時間）、データが消去されてしまったりした端末でも探せます。

🔒 紛失モードを設定する

① P.223手順⑤の画面で［紛失としてマーク］をクリックします。

② ［次へ］をクリックし、iPhoneにパスコードを設定していない場合は、パスコードを2回入力します。

③ iPhoneの画面に表示する任意の電話番号を入力し、［次へ］をクリックします。

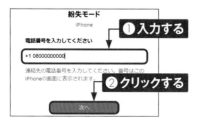

④ 電話番号と一緒に表示するメッセージを入力し、［有効にする］をクリックすると、紛失モードが設定されます。

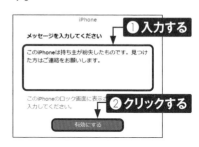

⑤ iPhoneの画面に、入力した電話番号とメッセージが表示されます。［電話］をタップすると、入力した電話番号に発信できます。画面下部から上方向にスワイプすると、パスコードの入力画面が表示されます。手順で設定したパスコードを入力してロックを解除すると、紛失モードの設定も解除されます。

ʼʼ ʼʼ ʼʼ
MEMO **iPhoneのデータを消去する**

手順①の画面で［このデバイスを消去］をクリックして画面の指示に従って操作すると、iPhoneのデータが消去されます。なお、消去すると、所有者のApple IDでサインインしないと利用できなくなります。

Chapter **9**

iPhoneを
もっと使いやすくする

ホーム画面を カスタマイズする

OS・Hardware

アイコンの移動やフォルダによる整理を行うと、ホーム画面が利用しやすくなります。ウィジェットやアプリライブラリを活用すると、より便利に使えるように工夫することができます。

🔘 アプリアイコンを移動する

① ホーム画面上のいずれかのアプリのアイコンをタッチし、表示されるメニューで [ホーム画面を編集] をタップします。

② アイコンが細かく揺れ始めるので、移動させたいアイコンをほかのアイコンの間までドラッグします。

③ 画面から指を離すと、アイコンが移動します。Dockのアイコンをドラッグしてアイコンを入れ替えることもできます。画面右上の [完了] をタップすると、変更が確定します。

" " " "

MEMO　ほかのページに移動する

ホーム画面のほかのページに移動する場合は、移動したいアイコンをタッチし、画面の端までドラッグすると、ページが切り替わります。アイコンを配置したいページで指を離すとアイコンが移動するので、画面右上の [完了] をタップして確定します。

⏻ フォルダを作成する

① ホーム画面でフォルダに入れたいアプリのアイコンをタッチし、表示されるメニューで［ホーム画面を編集］をタップします。

② 同じフォルダに入れたいアプリのアイコンの上にドラッグし、画面から指を離すとフォルダが作成され、両アプリのアイコンがフォルダ内に移動します。

③ フォルダ名は好きな名前に変更できます。フォルダをタップして開き、名前欄をタップして入力し、［完了］（または［Done］）をタップします。

④ フォルダの外をタップし、画面右上の［完了］をタップすると、ホーム画面の変更が保存できます。

9

MEMO アイコンをフォルダの外に移動する

アイコンをフォルダの外に移動するときは、移動したいアプリのアイコンをタッチします。表示されるメニューで［ホーム画面を編集］をタップして、アイコンをフォルダの外までドラッグしたら、画面右上の［完了］をタップします。フォルダ内のすべてのアイコンを外に移動すると、フォルダが消えます。

⚙️ ウィジェットをホーム画面に追加する

(1) ホーム画面の何もないところをタッチします。

(2) 画面左上の [+] をタップします。

(3) 追加したいウィジェット（ここでは、[ミュージック]）をタップします。

(4) 画面を左右にスワイプして追加するウィジェットのサイズを選択し、[ウィジェットを追加] をタップします。

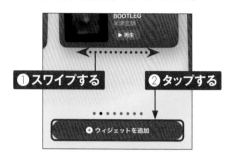

(5) ホーム画面にウィジェットが追加され、ドラッグして移動できます。画面右上の [完了] をタップしてホーム画面を保存します。

MEMO インタラクティブ ウィジェットとは

ウィジェットによっては、「ミュージック」のようにウィジェット内のボタンをタップすることで簡易的な操作ができるものもあります。

 スマートスタックを利用する

●ウィジェットを切り替える

(1) スマートスタックは複数のウィジェットをまとめ、切り替えて表示できる機能です。P.24手順②の画面を表示し、スマートスタックを上下にスワイプします。

(2) 下方向にスワイプすると1つ前、上方向にスワイプすると次のウィジェットが表示されます。

" " " "
MEMO スマートローテーション

右の手順②の画面で、「スマートローテーション」がオンになっていると、時間帯などによって表示されるウィジェットが自動で切り替わります。

●スマートスタックを編集する

(1) スマートスタックをタッチし、表示されるメニューで［スタックを編集］をタップします。

①タッチする ②タップする

(2) ウィジェットをタッチして、上下にドラッグすると、ウィジェットの順番を変えられます。ウィジェットの⊖をタップするとスマートスタックからウィジェットを削除できます。 ＋ をタップすると、ウィジェットを追加できます。

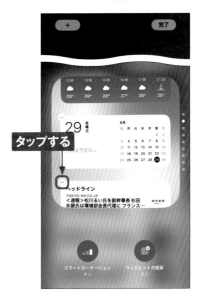

9

229

📱 アプリライブラリを利用する

●自動分類

ホーム画面の右端にあるアプリライブラリでは、iPhoneにインストールされているすべてのアプリがカテゴリごとに自動分類されています。各カテゴリには、よく使うアプリが表示され、タップして起動できます。複数の小さなアプリアイコンが表示されている場合は、小さなアプリアイコンをタップすることでカテゴリが展開されます。

●検索

「アプリライブラリ」画面上部の検索欄にアプリ名を入力し、キーボードの［go］または［検索］をタップすると、iPhoneにインストールされているすべてのアプリを検索できます。

●提案

「提案」には、すべてのアプリの中でもっともよく利用するアプリが表示されます。

●最近追加した項目

「最近追加した項目」には、直近にインストールしたアプリが表示されます。

⏻ ホーム画面を非表示にする

1 ホーム画面の何もないところをタッチし、画面下部に並んでいる丸印をタップします。

2 非表示にしたいホーム画面の☑をタップして⚪にします。なお、ホーム画面をタッチしてドラッグすることで、順番を入れ替えることができます。

3 画面右上の[完了]をタップしてホーム画面を保存します。次の画面で[OK]をタップします。

‖ ‖ ‖ ‖
MEMO
新しいアプリの ダウンロード先を変更する

ホーム画面を非表示にすると、新しいアプリをダウンロードしたときにアプリアイコンがホーム画面に追加されなくなり、アプリライブラリから起動する必要があります。新しいアプリをホーム画面に追加する設定に戻すには、ホーム画面で[設定]→[ホーム画面とアプリライブラリ]の順にタップし、[ホーム画面に追加]をタップして選択します。

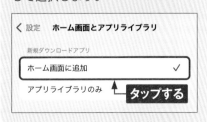

15 Plus Pro Pro Max

ロック画面を
カスタマイズする

Application

ロック画面にウィジェットを表示したり、時計の表示を変更したりカスタマイズすることができます。また複数のロック画面をかんたんに切り替えることもできます。

新しいロック画面を追加する

(1) ロック画面を表示して、タッチします。
Face IDなどを設定している場合は
ロックを解除します（P.255参照）。

(2) ➕をタップします。

(3) 設定する壁紙のサムネイルをタップ
します。

(4) 選択した壁紙のプレビューが表示されます。［ウィジェットを追加］をタップします（P.233MEMO参照）。

⑤ 追加したいウィジェットをタップして、
×をタップします。

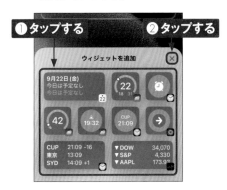

❶タップする　　　❷タップする

⑥ 時刻の下にウィジェットが追加されます。時計の時刻をタップします。

タップする

追加された

⑦ 時刻に表示したいフォントとカラーをタップし、×をタップします。

❶タップする　　　❷タップする

⑧ 時刻の表示が変更されます。時刻の上のウィジェットを変更したい場合はタップします。

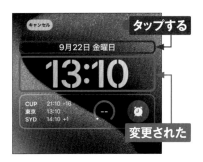

タップする

変更された

⑨ 変更したいウィジェットをタップし、×をタップします。

❶タップする　　　❷タップする

" " " "
MEMO　**ウィジェットを変更する**

P.232手順④の画面ですでにウィジェットが設定されている場合は、「ウィジェットを追加」が表示されません。その場合は、ウィジェット部分をタップし、削除するウィジェットの●をタップして削除し、追加したいウィジェットをタップすることで、ウィジェットを変更することができます。

9

⑩ 時計の上のウィジェットが変更されます。カスタマイズが終わったら、[追加] をタップします。

変更された　　タップする

⑪ [壁紙を両方に設定] をタップします。

タップする

⑫ カスタマイズしたロック画面をタップします。

タップする

⑬ ロック画面が追加されます。

"" "" ""
MEMO ウィジェットを削除する

追加したロック画面を削除したい場合は、P.235手順②の画面で、削除したいロック画面を表示し、上方向にスワイプして、■→ [この壁紙を削除] の順にタップします。

⏰ ロック画面を切り替える

(1) ロック画面をタッチします。Face ID などを設定している場合はロックを解除します（P.255参照）。

タッチする

(2) 左右にスワイプし、設定したいロック画面のサムネイルをタップします。

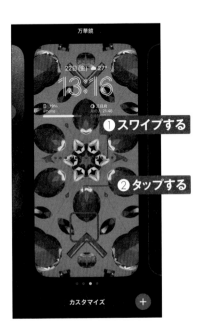

❶ スワイプする

❷ タップする

(3) ロック画面が切り替わります。

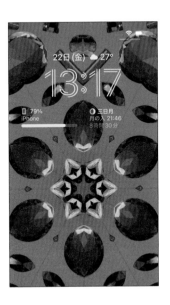

" " " " "
MEMO 追加したロック画面を編集する

手順②の画面で［カスタマイズ］をタップすると、ロック画面とホーム画面の編集画面が表示され、ウィジェットや時計の表示などを編集できます。

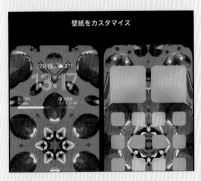

ロック画面に情報をリアルタイムで表示する

1 「時計」アプリなどライブアクティビティ対応アプリでは、進行中の情報をリアルタイムにロック画面に表示できます。設定方法はアプリごとに異なりますが、ここでは「アメミル」アプリを例に紹介するので、Sec.40を参考にあらかじめインストールしておきます。

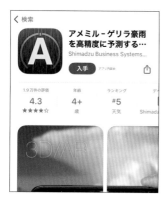

2 ホーム画面で［アメミル］をタップします。

3 初回は［次へ］などをタップして初期設定を進め、［アメミルをはじめる］をタップします。

4 ［雨マップ］をタップし、⊕をタップします。

⑤ ［閉じる］をタップします。

⑥ ロック画面を表示し、［許可］または ［常に許可］をタップします。

タップする

⑦ ライブアクティビティが有効になり、 10分後、20分後、30分後の現 在地の降水確率がリアルタイムで 更新されます。

9

〃〃〃〃
MEMO **ライブアクティビティを 消去する**

ロック画面に表示させたライブア クティビティを消去したい場合は、 左方向にスワイプし、［消去］をタッ プします。

15　　Plus　　Pro　　Pro Max

スタンバイを利用する

Application

iPhoneを充電器に接続し、横向きに置いて固定すると、ロック画面の代わりにスタンバイが表示されます。iPhone 15 Pro ／ Pro Maxでは、「常にオン」画面が使えるので、充電中にいつでも時計やウィジェットを確認できます。

⏻ スタンバイの表示を切り替える

① iPhoneを充電器に接続し、横向きに置いて固定します。iPhone 15 ／ Plusの場合は、ロック画面をタップします。初回に「ようこそスタンバイへ」画面が表示されたら、[続ける]をタップします。

② ウィジェットのスタンバイが表示されます。画面を左右にスワイプすると、スタンバイを「ウィジェット」「写真」「時計」に切り替えることができます。

③ 画面を上下にスワイプすると、ウィジェットの切り替えや時計のデザインを切り替えることができます。

ⓤ ウィジェットを追加する

① ウィジェットのスタンバイを表示した状態で左右どちらかのウィジェットをタッチします。

② 画面左上の ⊕ をタップし、追加したいウィジェット（ここでは[News]）をタップし、[ウィジェットを追加]をタップします。

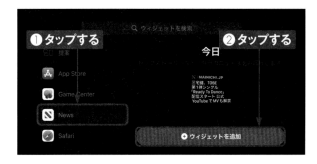

③ 画面右上の[完了]をタップすると、追加したウィジェットが表示されます。

9

〃 〃 〃 〃

MEMO iPhone 15 Pro ／ Pro Maxで「常にオン」をオフにする

iPhone 15 Pro ／ Pro Maxでは、ロック画面を表示したままにできる「常にオン」が初期状態でオンになっています。そのため、スリープ中でも画面に情報が表示されます。設定をオフにする場合は、ホーム画面で[設定] → [スタンバイ]の順にタップし、「常にオン」をオフにします。

15　Plus　Pro　Pro Max

写真を壁紙に設定する

Application

ロック画面やホーム画面の壁紙には、iPhoneにあらかじめ入っている画像以外にも、「写真」アプリに入っている自分で撮影した写真などを設定できます。写真のトリミングやトーンの変更も可能です。

撮影した写真を壁紙に設定する

① ホーム画面で［設定］→［壁紙］の順にタップします。

② ［新しい壁紙を追加］をタップします。

③ ［写真］をタップします。［写真シャッフル］をタップすると、複数の写真を順に表示することができます。

④ 「写真」アプリに入っている自分で撮影した写真などが表示されます。壁紙に設定したい写真をタップします。

9

⑤ 画像を左右にスワイプします。写真にフィルターがかかり、トーンが変更されます。「自然光」「白黒」「デュオトーン」「カラーウォッシュ」から好みのトーンを選びます。

スワイプする

⑥ 画面をピンチすると、表示範囲を変更することができます。[追加]をタップします。

❷タップする

❶ピンチする

⑦ [壁紙を両方に設定]をタップします。

タップする

⑧ ロック画面とホーム画面の壁紙が変更されます。

9

" " " "
MEMO

ホーム画面の壁紙に写真を設定する

手順⑧で[壁紙を両方に設定]をタップすると、ホーム画面にはぼかされた写真が設定されます。ホーム画面に鮮明な写真を設定したい場合は、手順⑧で[ホーム画面をカスタマイズ]→[写真]の順にタップし、写真を設定したら、[完了]→[完了]の順にタップします。

コントロールセンターを
カスタマイズする

Application

コントロールセンターでは、機能の追加や削除、移動など、自由にカスタマイズすることができます。また、触覚タッチを利用できる機能もあります。

コントロールセンターにアイコンを追加する

(1) ホーム画面で[設定]をタップします。

タップする

(2) [コントロールセンター] をタップします。

設定

🔔 通知　　　　　　　　　　　>
🔊 サウンドと触覚　　　　　　>
🌙 集中モード　　　　　　　　>
⏳ スクリーンタイム　　　　　>

タップする

⚙️ 一般　　　　　　　　　　　>
🎛 コントロールセンター　　　>
⬢ アクションボタン　　　　　>
画面表示と明るさ

(3) 「コントロールを追加」にある機能の➕をタップして追加します。

‹ 設定　　コントロールセンター

コントロールセンターを開くには画面右上から下にスワイプします。

アプリ使用中のアクセス　　　⬤

アプリ使用中でもコントロールセンターへのアクセスを許可します。無効のときでも、ホーム画面からはコントロールセンターにアクセスできます。

⊖ 🧮 計算機　　　　　　　≡
⊖ 📷 カメラ　　　　　　　≡
⊖ 🔲 Screen Mirroring　≡
⊖ 🔳 コードスキャナー　　≡

タップする

コントロールを追加

➕ 📺 Apple TVリモコン
➕ 👤 アクセシビリティのショートカ…
➕ 🔒 アクセスガイド

‖‖‖‖

MEMO　アイコンを削除する

手順③の画面で、⊖→［削除］の順にタップすると、アイコンを削除できます。また、≡を上下にドラッグすると、順番を入れ替えることができます。

追加できる機能

コントロールセンターに追加できる機能は、iPhone 15 ／ Plusが23種類、iPhone 15 Pro ／ Pro Maxが24種類です。初期状態で設定されている機能もあります（P.23参照）。

❶Apple TV リモコン
Apple TV用のリモコンです。再生や一時停止などの操作が可能です。

❷アクセシビリティのショートカット
AssistiveTouchなどのオン／オフを切り替えられます。

❸アクセスガイド
アクセスガイドのオン／オフを切り替えられます。

❹アラーム
「時計」アプリが起動し、アラームを設定できます。

❺ウォレット
「ウォレット」アプリが起動し、すべてのパスにアクセスできます。タッチするとパスを表示させたり、カードを追加したりできます。

❻クイックメモ
メモを作成できます。作成したメモは「メモ」アプリに保存されます。

❼サウンド認識
サイレンやペットの鳴き声などを認識して知らせてくれます。

❽ストップウォッチ
「時計」アプリが起動し、ストップウォッチを利用できます。

❾ダークモード
ダークモードのオン／オフを切り替えられます。

❿テキストサイズ
テキストサイズを調節できます。

⓫ボイスメモ
「ボイスメモ」アプリが起動します。

⓬ホーム
「ホーム」アプリに登録した照明などのHomeKit対応アクセサリにアクセスできます。

⓭ミュージック認識
タップすると周囲や本体で再生中の音楽の曲名が表示され、曲名をタップするとShazamやApple Musicで再生できます。

⓮メモ
「メモ」アプリが起動します。タッチすると新規メモなどの操作にすばやくアクセスできます。

⓯画面収録
画面の録画ができます。録画した動画は、「写真」アプリで確認できます。

⓰拡大鏡
カメラを拡大鏡として利用できます。

⓱聴覚
イヤフォン／ヘッドフォンの使用中にオンにすると、音量と環境音のレベルをチェックできます。

⓲低電力モード
低電力モードのオン／オフを切り替えられます。

9

プライバシーを守る設定をする

OS・Hardware

iPhoneでは、プライバシーに関する機能が強化されています。写真に付与された位置情報を削除できるほか、アプリがカメラやマイクにアクセスしていることが一目でわかります。

⏻ プライバシーを守る機能を設定をする

● 共有時に写真の位置情報を削除する

(1) Sec.36を参考に写真を表示し、⬆ をタップします。

タップする

(2) [オプション] をタップします。

1枚の写真を選択中
位置情報を含む
オプション >

タップする

(3) 「位置情報」の ◯ → [完了] の順にタップすると、写真を共有する際に位置情報を削除することができます。

オプション
タップする
含める
位置情報

● アプリのカメラやマイクの使用を確認する

(1) カメラやマイクを使用するアプリを起動すると、画面上部にカメラやマイクの使用を示すインジケーターが表示されます。

表示される

"" "" ""
MEMO **コントロールセンターから確認する**

アプリがカメラやマイク、位置情報を使用中の場合、コントロールセンターを表示すると、そのアプリが上部に表示され、タップすると使用中の権限を確認することができます。

タップする

カメラ >

カメラ   カメラ、最近
              マイク、最近
              位置情報、最近

9

● アプリのトラッキングを完全に拒否する

① ホーム画面で［設定］→［プライバシーとセキュリティ］の順にタップします。

② ［トラッキング］をタップします。

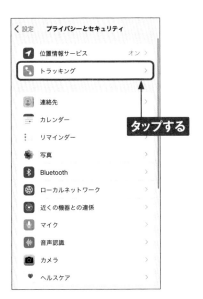

③ 「アプリからのトラッキング要求を許可」の○をタップして、○にすると、アプリのトラッキング（広告表示などに利用される利用者情報の収集）の許可画面を表示せずに、オフにすることができます。

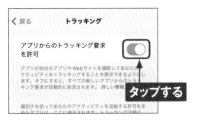

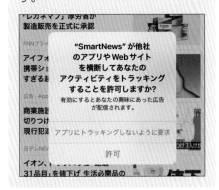

写真などのアクセス許可設定を確認する

① ホーム画面で［設定］→［プライバシーとセキュリティ］の順にタップします。

② ここでは、「写真」アプリを利用したアプリを確認します。［写真］をタップします。

③ 事前に「X」アプリに「写真」アプリへのアクセスを許可していたので、「X」アプリが表示されました。［X］をタップします。

④ 許可範囲をタップして、変更することができます。なお、この画面は、［設定］→［X］→［写真］の順にタップすることでも表示できます。

MEMO アプリのアクセス許可とは

写真を利用するアプリを起動した際、「写真」アプリのアクセス許可を求められることがあります。［フルアクセスを許可］以外を選択すると、そのアプリの写真に関する機能が一部使えなくなるので、動作がおかしい場合は上記の方法でアクセス許可を確認しましょう。同様に、カメラやマイク、連絡先などのアクセス許可も確認・変更することができます。

9

🔞 不適切な写真に警告やぼかしを表示する

① ホーム画面で［設定］→［プライバシーとセキュリティ］の順にタップします。

⊘	一般	>
🎛	コントロールセンター	>
⎋	アクションボタン	>
🔆	画面表示と明るさ	>
▦	ホーム画面とアプリライブラリ	>
ⓘ	アクセシビリティ	>
🏵	壁紙	>
🕑	スタンバイ	>
⬛	Siri と検索	>
🆔	Face ID とパスコード	>
sos	緊急 SOS	>
✷	接触通知	>
▭	バッテリー	>
✋	プライバシーとセキュリティ	>

タップする

② ［センシティブな内容の警告］をタップします。

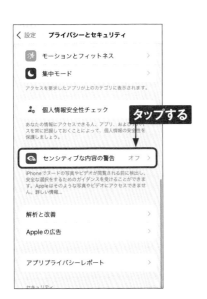

‹ 設定　**プライバシーとセキュリティ**

🏃 モーションとフィットネス　　>
🌙 集中モード　　>

アクセスを要求したアプリが上のカテゴリに表示されます。

🔳 個人情報安全性チェック　　**タップする**

あなたの情報にアクセスできる人、アプリ、およびデバイスを常に把握しておくことによって、個人情報の安全性を保護しましょう。

👁 センシティブな内容の警告　　オフ　>

iPhoneでヌードの写真やビデオが閲覧される前に検出し、安全な選択をするためのガイダンスを受けることができます。Appleはそのような写真やビデオにアクセスできません。詳しい情報…

解析と改善　　>
Apple の広告　　>

アプリプライバシーレポート　　>

③ オフになっている場合は ⚪ をタップして、 ⚫ にします。

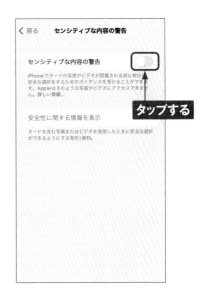

‹ 戻る　**センシティブな内容の警告**

センシティブな内容の警告　　◯

iPhoneでヌードの写真やビデオが閲覧される前に検出し、安全な選択をするためのガイダンスを受けることができます。Appleはそのような写真やビデオにアクセスできません。詳しい情報…

タップする

安全性に関する情報を表示

ヌードを含む写真またはビデオを受信したときに安全な選択ができるようにする教材/資料。

9

‖ ‖ ‖
MEMO **不適切な写真が送られてきた場合**

AirDrop（P.206参照）やメッセージ（P.78参照）の送受信時に性的に不適切な写真が検出されると、画像にぼかしが入り、警告文が表示されます。

‹　　山岡　　📹
+81 90 0000 0000 ›

iMessage
今日 12:39

⚠

これはセンシティブである可能性があります。

👁 表示

247

| 15 | Plus | Pro | Pro Max |

集中モードを利用する

Application

集中モードに設定している間は、着信音を消音したり、通知が表示されないようにしたりすることができます。集中モードはコントロールセンターから設定します。

⏻ おやすみモードを有効にする

① コントロールセンターを表示し、👥をタップします。

② [おやすみモード] をタップします。

③ おやすみモードがオンになります。何もないところをタップします。

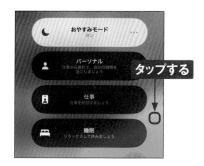

④ コントロールセンターに戻ります。🌙をタップすると、おやすみモードがオフになります。次回以降は、🌙をタップするとおやすみモードをオンにできます。

集中モードを設定する

① P.248手順①の画面で［集中モード］をタップします。

タップする

② 設定したいモード（ここでは［パーソナル］）をタップします。次の画面で［集中モードをカスタマイズ］をタップします。

タップする

③ 集中モード中に通知を許可、または許可しない連絡先とアプリを設定します。なお、「画面をカスタマイズ」欄の［選択］をタップすると、ロック画面やホーム画面ごとにモードを設定できます。

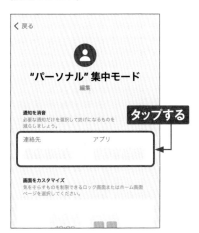

タップする

④ 必要に応じてロック画面やホーム画面をカスタマイズしたり、集中モードフィルタを設定したりします。くをタップします。

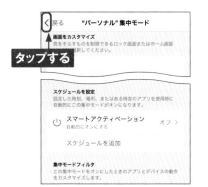

タップする

⑤ 再度手順②の画面を表示して、「パーソナル」の右の…をタップし、設定する期間または場所をタップします。

①タップする　②タップする

" " " "
MEMO 集中モードフィルタ

手順の④画面で、集中モードフィルタを設定すると、集中モード中は指定したメールの特定のアカウントを非表示にしたり、カレンダーの特定のカレンダーの予定を非表示にしたりすることができます。

15　Plus　Pro　Pro Max

Application

画面ロックに
パスコードを設定する

iPhoneが勝手に使われてしまうのを防ぐために、iPhoneにパスコードを設定しましょう。初期状態では数字6桁のパスコードを設定することができます。

🔒 パスコードを設定する

(1) ホーム画面で[設定]をタップします。

タップする

(2) [Face IDとパスコード] をタップします。

タップする

(3) [パスコードをオンにする] をタップします。

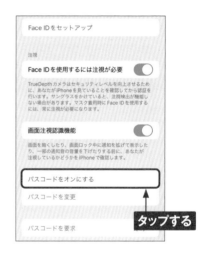

タップする

MEMO　パスコードの種類

P.251手順④の画面で［パスコードオプション］をタップすると、「4桁の数字コード」「6桁の数字コード」「カスタムの数字コード」「カスタムの英数字コード」から選んで設定できます。

④ 6桁の数字を2回入力すると、パスコードが設定されます。「Apple ID」画面が表示されたら、Apple IDのパスワードを入力して［サインイン］をタップします。

⑤ パスコードを設定すると、iPhoneの電源を入れたときや、スリープから復帰したときなどにパスコードの入力を求められます。

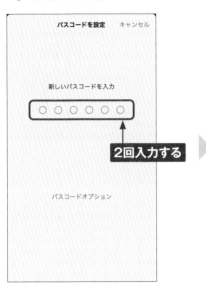

9

" " " "

MEMO　パスコードを変更・解除する

パスコードを変更するには、P.250手順③で［パスコードを変更］をタップします。はじめに現在のパスコードを入力し、次に新しく設定するパスコードを2回入力します。また、パスコードの設定を解除するには、P.250手順③で［パスコードをオフにする］をタップし、パスコードを入力します。

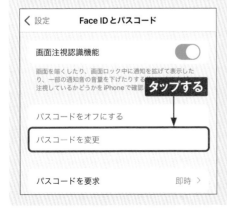

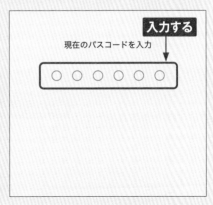

15　Plus　Pro　Pro Max

Application

顔認証機能を利用する

iPhoneには、顔認証（Face ID）機能が搭載されています。自分の顔を認証登録すると、ロックの解除やiTunes Store、App Storeなどでパスワードの入力を省略することができます。

iPhoneにFace IDを設定する

① ホーム画面で［設定］をタップします。

タップする

② ［Face IDとパスコード］をタップします。パスコードが設定されている場合はパスコードを入力します。

設定

スクリーンタイム

一般

コントロールセンター　　タップする

スタンバイ

Siriと検索

Face IDとパスコード

SOS 緊急SOS

③ ［Face IDをセットアップ］をタップします。

〈 設定　　Face IDとパスコード

FACE IDを使用:　　　タップする

iPhoneのロックを解除

パスワードの自動入力

iPhoneで顔の固有な特徴を3次元的に認識し、アプリに安全にアクセスしたり、支払いを行うことができます。Face IDとプライバシーについて...

Face IDをセットアップ

④ ［開始］をタップします。

Face IDのセットアップ方法

まず、顔をカメラの枠内に入れてください。それから、顔のすべての角度が表示されるように円の中で頭を動かしてください。　　タップする

開始

9

⑤ 枠内に自分の顔を写します。

⑥ ゆっくりと頭を動かして円を描きます。

⑦ スキャンが完了します。[あとでセットアップ]をタップします。

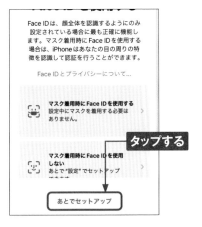

⑧ Face IDが設定されるので、[完了]をタップします。

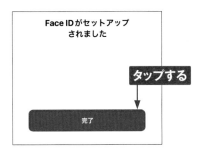

⑨ Sec.64でパスコードを設定していない場合、使用するパスコードを2回入力します。Apple IDのパスワードを求められたら、入力します。なお、Face IDは2つまで登録できます。

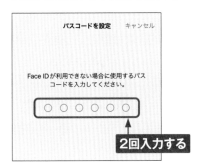

"""" MEMO **マスクを着用したまま ロックを解除する**

Face IDを設定したあとに、P.252手順③の画面で、「マスク着用時Face ID」の ● をタップすると、手順⑦の画面が表示されるので、[マスク着用時にFace IDを使用する]をタップすると、再度顔のスキャンが行われます。2回目のスキャンでは、目の周りの特徴が読み取られ、マスクを着用したままロックの解除が可能になります。

顔認証でアプリをインストールする

① Sec.39を参考に「App Store」アプリでインストールしたいアプリを表示し、[入手] をタップします。

③ インストールが自動で始まり、インストールが終わると、ホーム画面にアプリが追加されます。

② この画面が表示されたら、iPhoneに視線を向けて、サイドボタンをすばやく2回押します。

" " " " "
MEMO 登録したFace IDを削除する

登録したFace IDを削除するには、P.252手順③の画面で、[Face IDをリセット] をタップします。

🔓 顔認証でロック画面を解除する

① スリープ状態のiPhoneを手前に傾けると、ロック画面が表示されます。iPhoneに視線を向けます。

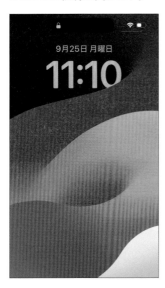

② 鍵のアイコンが施錠から開錠の状態になります。画面下部から上方向にスワイプします。

解除された

スワイプする

③ ホーム画面が表示されます。

9

> ‖ ‖ ‖ ‖
> **MEMO** **パスコード入力が
> 必要になるとき**
>
> 顔認証を設定していても、パスコード（Sec.64参照）の入力が必要になる場合があります。1つは、ロック画面の解除で顔認証がうまくいかないときです。顔認証がうまくできないと、パスコード入力画面が表示されます。iPhoneを再起動した場合も、最初のロック画面の解除には顔認証が使えず、パスコードの入力が必要になります。また、顔認証やパスコードの設定を変更するには、[設定]の[Face IDとパスコード]から行いますが（P.252手順②参照）、このときもパスコードの入力が必要になります。

通知を活用する

Application

通知やコントロールセンターから、さまざまな機能が利用できます。通知からメッセージに返信したり、「カレンダー」アプリの出席依頼に返答したりなど、アプリを立ち上げずにいろいろな操作が可能です。

🔘 バナーを活用する

●メッセージに返信する

(1) 画面にメッセージのバナーが表示されたら、バナーを下方向にスワイプします。

(2) 入力欄に返信メッセージを入力し、↑をタップすると、メッセージが送信されます。

●メールを開封済みにする

(1) 画面にメールのバナーが表示されたら、バナーを下方向にスワイプします。

(2) [開封済みにする]をタップするとメールを開封済みにできます。

〃〃〃〃
MEMO バナーが消えたときは

バナーが消えてしまった場合は、画面左上を下方向にスワイプして通知センターを表示すると、バナーに表示された通知が表示されます。その通知をタップすると、メッセージの返信やメールの開封操作が行えます。

📱 通知をアプリごとにまとめる

① ホーム画面で [設定] をタップし、[通知] をタップします。

② 通知をまとめたいアプリ（ここでは [メッセージ]）をタップします。

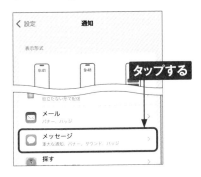

③ [通知のグループ化]をタップします。なお、グループ化できないアプリもあります。

④ [アプリ別] をタップします。同様の手順で通知をまとめたいアプリを設定します。

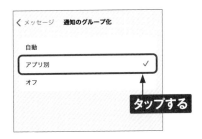

⑤ 設定したアプリの通知がまとまって表示されます。

9

" " " " "

MEMO 通知の要約

通知を指定した時間にまとめて受け取る「通知の要約」という機能があります。これを利用すると、忙しい昼間などは通知を受け取らず、夕方から夜に通知をまとめて受け取るなどの設定が可能です。ホーム画面で [設定] → [通知] → [時刻指定要約] → 「時刻指定要約」の ◯ → [続ける] の順にタップして、画面の指示に従って操作してオンにします。

通知センターから通知を管理する

●通知をオフにする

① Sec.04を参考に、通知センターを表示します。通知を左方向にスワイプします。

② [オプション] をタップします。

③ [1時間通知を停止] または [今日は通知を停止] をタップすると、そのアプリの通知指定期間内は通知されなくなり、[オフにする] をタップすると、今後は通知がされなくなります。[設定を表示] をタップすると、P.259のような通知設定画面が表示されます。

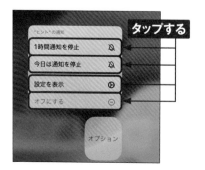

●グループ化した通知を消去する

① グループ化した通知をタップします。なお、左方向にスワイプすると、左の手順②で [消去] の代わりに [すべて消去] が表示されます。

② グループ化された通知が展開されます。各通知を左方向にスワイプすると、左の手順②の画面が表示されます。アプリ名の右の☒→[消去] の順にタップすると、そのアプリの通知をすべて消去できます。

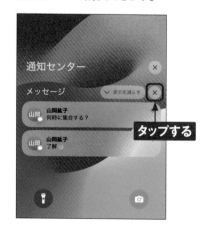

9

⏻ 通知設定の詳細を知る（メッセージの場合）

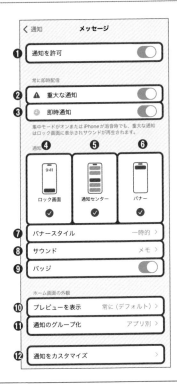

❶ 通知を許可

常に即時配信

❷ ⚠ 重大な通知

❸ 即時通知

集中モードがオンまたはiPhoneが消音時でも、重大な通知
はロック画面に表示されサウンドが再生されます。

通知 ❹ ❺ ❻

ロック画面　通知センター　バナー

❼ バナースタイル　　　　一時的 〉

❽ サウンド　　　　　　　メモ 〉

❾ バッジ

ホーム画面の外観

❿ プレビューを表示　常に（デフォルト）〉

⓫ 通知のグループ化　　　アプリ別 〉

⓬ 通知をカスタマイズ　　　　　　 〉

❶「通知を許可」を ○ にすると、すべ
ての通知が表示されなくなります。

❷「重大な通知」を ● にしていると、
集中モード（P.249参照）や消音モード
（P.56参照）でも通知が表示され、通知
音も鳴ります。

❸「即時通知」を ● にしていると通知
をすぐに配信し、1時間ロック画面に残
ります。

❹［ロック画面］をタッ
プしてチェックを付け
ると、ロック画面に通
知が表示されます。

❺［通知センター］をタップしてチェッ
クを付けると、画面左上部を下方向にス
ライドすると表示される通知センターに
通知が表示されます。

❻［バナー］をタッ
プしてチェックを付
けると、通知が画面
上部に表示されます。

❼「バナー」の通知方法を変更できま
す。［一時的］を選ぶと、通知が画面上
部に表示され、一定時間が経過すると
消えます。［持続的］を選ぶと、通知を
タップするまで表示され続けます。

❽「サウンド」では、通知の際の通知
音やバイブレーションが設定できます。

❾「バッジ」を ●
にすると、ホーム画
面に配置されている
該当するアプリのア
イコンの右上に、新
着通知の件数が表示
されます。

❿「プレビューを表
示」を［しない］に
すると、通知にメッ
セージなどの内容が
表示されず、何に関
する通知かだけが表
示されます。

⓫「通知のグループ化」では、いくつ
かの異なるスレッドをまとめて通知さ
れるように設定できます（P.257参照）。

⓬「通知をカスタマ
イズ」では、「通知を
繰り返す」が設定で
き、2分ごとに通知
音を何回くり返すか
を設定できます。く
り返しはロック画面
などでオンになり、
［なし］［1回］［2回］［3
回 ］［5回 ］［10回 ］
から選択できます。

9

259

| 15 | Plus | Pro | Pro Max |

信頼する相手と
パスワードを共有する

Application

家族や同僚にパスワードを共有すると、自分の代わりにクラウドに保存したデータを
ダウンロードしてほしいときなどに便利です。iPhoneを使えば、安全に信頼できる相
手にパスワードを共有できます。

共有グループを作成する

① ホーム画面で［設定］→［パスワー
ド］の順にタップします。

③ ［続ける］をタップし、次の画面で「グ
ループ名」を入力して、［人を追加］
をタップします。

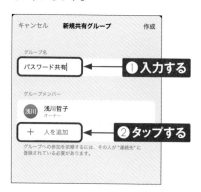

② 画面下部に「iCloudキーチェーン
をオンにする」が表示されていたら、
［有効にする］をタップし、画面の
指示に従って設定します。＋→［新
規共有グループ］の順にタップしま
す。

④ グループに追加したい人の名前を入
力し、該当する人物をタップして、［追
加］をタップします。

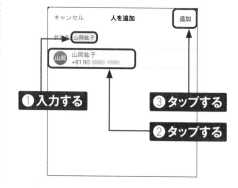

⑤ [作成] をタップします。

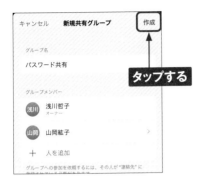

⑥ 相手に共有グループ参加のメッセージを送る場合は ["メッセージ"で通知] をタップします。ここでは [今はしない] をタップします。

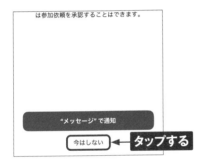

⑦ ＋→ [パスワードをグループに移動] の順にタップします。

⑧ 共有したいパスワードをタップし、[移動] をタップします。

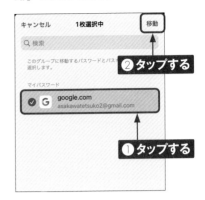

⑨ 相手とパスワードが共有されます。

9

" " " "
MEMO 新しいパスワードを追加する

P.260手順②や手順⑦の画面で [新しいパスワード] をタップすると、共有したいパスワードを登録できます。また、SafariでWebサイトにログインすると、パスワードを保存するか聞かれることがあるので、その際にパスワードを登録することもできます。

261

アラームを利用する

Application

iPhoneの「時計」アプリには、アラーム機能が搭載されています。この機能を使えば設定した時間に音で通知するほか、くり返し鳴らす、いろいろなサウンドを鳴らすといったことができます。

アラームを設定する

1 ホーム画面で[時計]をタップし、[アラーム]→➕の順にタップします。

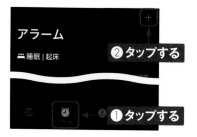

2 画面上部の時間を上下にスワイプして、アラームを鳴らす時間を設定します。

3 アラームのくり返しやサウンドについて、それぞれタップして設定します。設定が完了したら、[保存]をタップします。

4 設定した時間になると音が鳴り、ダイアログが表示されます。スリープ状態では[停止]をタップすると、アラームが停止します。操作中の場合は、✕をタップして停止します。

15　Plus　Pro　Pro Max

自動的にロックの かかる時間を変更する

Application

iPhoneをしばらく放置すると自動的にロックがかかりますが、ロックがかかるまでの時間を変更することができます。使用状況に応じて変更しましょう。

自動的にロックのかかる時間を変更する

1 ホーム画面で[設定]をタップします。

タップする

2 [画面表示と明るさ]をタップします。

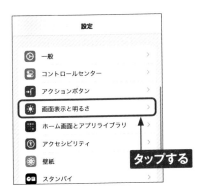

タップする

3 [自動ロック]をタップします。

タップする

4 ロックがかかるまでの時間をタップします。[なし]をタップすると自動ロックがかからなくなります。

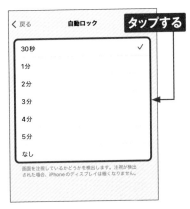

タップする

9

背面タップでアプリを起動する

Application

iPhoneの背面を2回または3回タップすると、アプリを起動したりiPhoneをロックしたりできる「背面タップ」という機能があります。初期設定ではオフとなっています。

⏻ 背面タップを設定する

① ホーム画面で［設定］をタップして、［アクセシビリティ］をタップします。

② ［タッチ］をタップします。

③ ［背面タップ］をタップします。

④ ［ダブルタップ］をタップします。

⑤ 背面をダブルタップしたときに行う動作をタップして割り当てます。トリプルタップの動作を割り当てるには、手順④で［トリプルタップ］をタップして同様に操作します。

15　　Plus　　Pro　　Pro Max

デフォルトのアプリを
変更する

Application

デフォルトで立ち上がるWebブラウザとメール（2023年9月現在）のアプリを変更することができます。ここでは、ブラウザアプリを変更します。

標準のWebブラウザをChromeにする

1 Sec.40を参考に、あらかじめ「Chrome」アプリをインストールしておきます。

2 ホーム画面で［設定］→［Chrome］の順にタップします。

3 ［デフォルトのブラウザアプリ］をタップします。

4 ［Chrome］をタップしてチェックを付けます。

9

| 15 | Plus | Pro | Pro Max |

Application

バッテリー残量を数値で表示する

画面右上に表示されているバッテリー残量を示すアイコンに、残量の数値を表示させることができます。%を表示すると、バッテリー残量がひと目でどれくらいかが具体的にわかるようになります。

バッテリー残量の表示を変更する

① ホーム画面で[設定]をタップします。

③ 「バッテリー残量（%）」の ◯ をタップします。

② [バッテリー] をタップします。

④ 画面右上のバッテリーのアイコンに残量の数値が表示されます。

緊急SOSの設定を
確認する

Application

「設定」アプリの「緊急SOS」の項目で、衝突事故検出機能や、緊急時のSOS通報の設定を確認することができます。標準ですべてオンになっていますが、確認しておきましょう。

設定を確認する

1 ホーム画面で[設定]をタップします。

2 [緊急SOS] をタップします。

3 「衝突事故検出」など、緊急SOS
に関する現在の設定状況が確認できます。

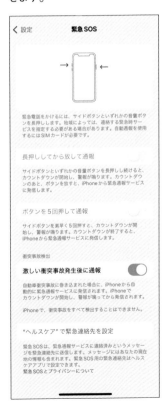

9

目に優しい画面にする

Application

iPhoneには、画面を暖色系に変更する「Night Shift」機能があります。就寝時に利用すると、スムーズに眠りにつくことができます。

「Night Shift」機能を設定する

1 ホーム画面で [設定] をタップし、[画面表示と明るさ] をタップします。

2 [Night Shift] をタップします。

3 「時間指定」の ◯ をタップします。

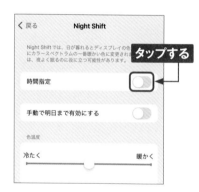

4 [開始 終了] をタップして、開始時間と終了時間を設定します。指定した時間に、Night Shiftがオンになります。

15　Plus　Pro　Pro Max

ダークモードを利用する

Application

iPhoneでは「ダークモード」を利用することができます。ダークモード状態では、暗い場所でも画面が見やすく目が疲れにくくなり、バッテリーの消費を抑えることができます。

ダークモードを利用する

① ホーム画面で[設定]をタップします。

タップする

② [画面表示と明るさ]をタップします。

設定
⚙ 一般
⊡ コントロールセンター
⏻ アクションボタン
☀ 画面表示と明るさ
⊞ ホーム画面とアプリライブラリ
ⓘ アクセシビリティ
⊞ 壁紙
⊡ スタンバイ

タップする

③ [ダーク]をタップします。

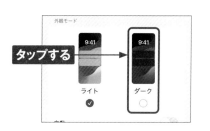

外観モード

タップする　→　9:41　9:41

ライト　ダーク

④ ダークモードに切り替わります。もとに戻したい場合は、[ライト]をタップします。

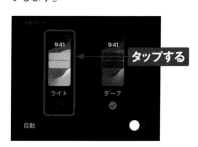

9:41　9:41

タップする

ライト　ダーク

自動

MEMO 初期設定時にも設定できる

初期設定時にも、ダークモードを設定することができます。

15　Plus　Pro　Pro Max

アプリごとに
文字の大きさを設定する

Application

アクセシビリティでは画面の文字の大きさやカラーなどを変更することができます。
また、アプリごとに設定を変えることができるので、文字が小さく感じるアプリなど
に活用しましょう。

文字の大きさなどを設定する

1 ホーム画面で[設定]をタップします。

タップする

2 [アクセシビリティ]をタップします。

タップする

3 [画面表示とテキストサイズ]をタップします。

タップする

4 画面表示の設定をすることができます。

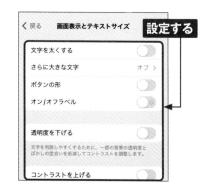

設定する

🔘 アプリごとに文字の大きさなどを設定する

1 P.270手順③の画面で［アプリごとの設定］をタップします。

2 ［アプリを追加］をタップします。

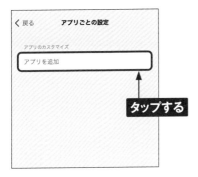

3 設定したいアプリ（ここでは［メッセージ］）をタップします。

4 手順②の画面に戻り、アプリをタップします。

5 画面表示の設定をすることができます。

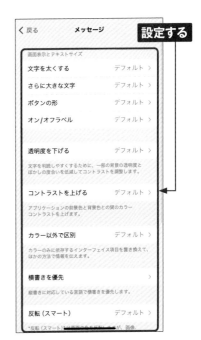

検索機能を利用する

Application

iPhoneの検索機能を使ってキーワードの検索を行うと、iPhone内のアプリ、音楽、メール、Webサイトなどから該当する項目をリストアップしてくれます。さらに、検索結果のカテゴリを絞ることもできます。

🔘 検索機能を利用する

① ホーム画面で［検索］をタップするか、アプリ起動時以外に画面の中央から下方向にスワイプします。

スワイプする

② 検索フィールドにキーワードを入力すると、検索結果が表示されます。ここでは、アプリをタップします。

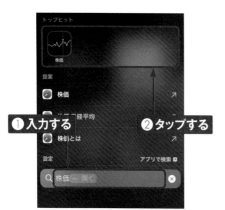

❶入力する　❷タップする

③ タップしたアプリが起動しました。

株価
9月25日
🔍 検索
銘柄コード ⬍

MEMO　検索機能の活用方法

検索機能では、メールの件名や連絡先、メモの写真の文字なども検索対象に含まれます。探したいメールや連絡先がすぐに見つからないときに検索機能を利用すると、かんたんに目的のメールや連絡先が探せます。さらに使い込むことでユーザーの行動を学習して、次に使用すると予想されるアプリをすすめてくれるようになります。

9

検索対象を設定する

1 ホーム画面で［設定］→［Siriと検索］の順にタップします。

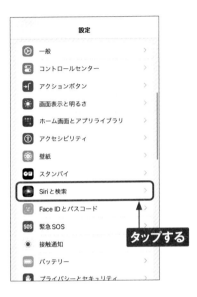

2 検索対象から外したいアプリをタップします。

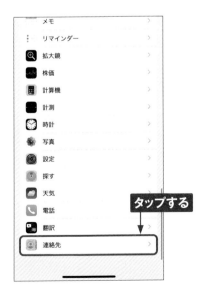

3 「検索でアプリを表示」の◯をタップします。

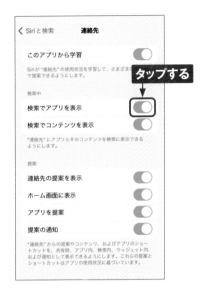

4 ◯が ◯ になり、検索対象から外れます。

9

15　Plus　**Pro**　**Pro Max**

アクションボタンを設定する

Application

iPhone 15 Pro ／ Pro Maxには、「着信／サイレントスイッチ」の代わりに「アクションボタン」が搭載されています。アクションボタンを長押ししたときに実行する機能は、カスタマイズすることができます。

⏻ アクションボタンの設定を変更する

1 ホーム画面で[設定]をタップします。

タップする

2 [アクションボタン] をタップします。

タップする

3 左右にスワイプすると、アクションボタンのモードを変更できます。ここでは、「カメラ」に設定します。

スワイプする

4 アクションボタンを長押しすると、「カメラ」アプリが起動します。

⏻ アクションボタンに設定できる機能

消音モード

消音モードのオン／オフを切り替えられます。

集中モード

集中モードのオン／オフを切り替えられます。集中モードの種類はP.274手順③の画面で選択できます。

カメラ

「カメラ」アプリを起動し、アクションボタンをシャッターボタンとして利用できます。P.274手順③の画面で起動する際のカメラモードを選択できます。

フラッシュライト

フラッシュライトのオン／オフを切り替えられます。

ボイスメモ

「ボイスメモ」アプリを起動して、録音を開始／停止できます。

拡大鏡

「拡大鏡」アプリを起動します。

ショートカット

アプリを開いたり、ショートカットを実行したりできます。事前に［ショートカットを選択］からアプリかショートカットを選択する必要があります。

アクセシビリティ

アクセシビリティの機能にすばやくアクセスできます。事前に［機能を選択］からアクセシビリティの機能を選択する必要があります。

アクションなし

アクションボタンを長押ししても何も実行しないようにできます。

9

Application

| 15 | Plus | Pro | Pro Max |

Bluetooth機器を利用する

iPhoneは、Bluetooth対応機器と接続して、音楽を聴いたり、キーボードを利用したりすることができます。Bluetooth対応機器を使うには、ペアリング設定をする必要があります。

⏻ Bluetoothのペアリング設定を行う

① ホーム画面で[設定]をタップします。

タップする

② [Bluetooth]をタップします。

浅川哲子
Apple ID、iCloud、メディアと購入

AppleCare+ 保証を追加

今から28日以内であれば、通失や事故による損傷に対する保証を追加できます。

タップする

✈ 機内モード

📶 Wi-Fi

⁎ Bluetooth　　オン

⦿ モバイル通信

③ 「Bluetooth」が ⬤ であることを確認します。

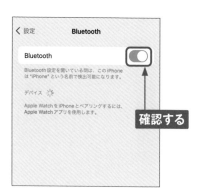

‹ 設定　　Bluetooth

Bluetooth

Bluetooth設定を開いている間は、このiPhoneは "iPhone" という名前で検出可能になります。

デバイス

Apple Watch を iPhone とペアリングするには、Apple Watch アプリを使用します。

確認する

④ Bluetooth接続したい機器の電源を入れ、ペアリングモードにします。ここでは、AirPods Proを例に説明します。

9

⑤ ［接続］をタップし、AirPods Pro の充電ケースの背面のボタンを押したままにします。

お使いの **AirPods Pro** ではありません

AirPods ProはこのiPhoneに接続していません

接続 ← **タップする**

⑥ 画面の指示に従って接続を進めます。

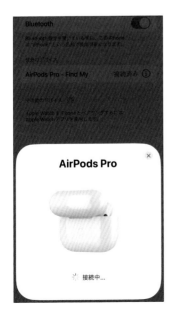

AirPods Pro ×

‍⁂‍ 接続中...

⑦ ペアリング設定が完了すると、「自分のデバイス」に表示されている接続したBluetooth機器名の右側に「接続済み」と表示されます。

AirPods Pro - Find My ×

100%   49%

⑧ 画面右上から下方向にスワイプすると、コントロールセンターが表示され、機器によってはBluetooth接続されていることを確認できます。

再生停止中

接続中

集中モード

9

| 15 | Plus | Pro | Pro Max |

インターネット共有を
利用する

Application

「インターネット共有（Wi-Fiテザリング）」は、モバイルWi-Fiルーターとも呼ばれる機能です。iPhoneを経由して、無線LANに対応したパソコンやゲーム機などをインターネットにつなげることができます。

⏻ インターネット共有を設定する

① ホーム画面で[設定]をタップします。

タップする

② [インターネット共有]をタップします。
「インターネット共有」が表示されていない場合は、利用できません。

タップする

③ 「ほかの人の接続を許可」の ⬭ をタップします。

< 設定　　インターネット共有

iPhoneの "インターネット共有" 機能を使用すると、iCloudにサインインしている別のデバイスからパスワード入力なしでインターネットにアクセスすることができます。

ほかの人の接続を許可

"Wi-Fi" のパスワード　Xw5u-VdQ1-foFY… >

"インターネット共有" 設定で、またはコントロールセンターで "インターネット共有" をオンにしたときに、サインインしていないほかのユーザーまたはデバイスからネットワーク "iPhone" を検索できるようにします。

タップする

互換性を優先

オンにすると、あなたのインターネット共有に接続しているデバイスでインターネットのパフォーマンスが低下する場合があります。

" " " "
MEMO **iPhoneの名前の変更**

インターネット共有がオンになっているときは、周囲の端末に自分のiPhoneの名前が表示されます。表示される名前を変更したいときは、ホーム画面で［設定］→［一般］→［情報］→［名前］の順にタップし、任意の名前に変更します。

9

④ インターネット共有がオンになりました。

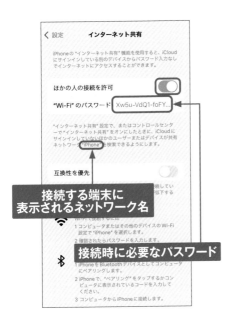

接続する端末に
表示されるネットワーク名

接続時に必要なパスワード

⑤ パスワードが最後まで表示されていない場合は、手順④で［"Wi-Fi"のパスワード］をタップすると、確認することができます。また、パスワードの変更も行えます。

⑥ ほかの端末（ここでは、Windows 11）でiPhoneのネットワークに接続します。

クリックする

9

⑦ ほかの端末から接続され、初回は共有を許可すると、Dynamic Islandに共有中を示すアイコンが表示されます。

表示される

スクリーンショットを撮る

OS・Hardware

iPhoneでは、画面のスクリーンショットを撮影し、その場で文字などを追加することができます。なお、一部の画面ではスクリーンショットが撮影できないことがあります。

⏻ スクリーンショットを撮影する

① スクリーンショットを撮影したい画面を表示し、サイドボタンと音量ボタンの上のボタンを同時に押して離します。

② スクリーンショットが撮影されます。画面左下に一時的に表示されるサムネイルをタップします。

③ 「Safari」アプリなどでは、画面上部の［フルページ］をタップすることで、非表示部分も撮影できます。画面上部の🅐をタップして、文字などを追加できます。［完了］をタップします。

④ ［"写真"に保存］をタップすると、保存したスクリーンショットは、「写真」アプリで確認できます。

9

Chapter **10**

iPhoneを初期化・
再設定する

iPhoneを
強制的に再起動する

OS・Hardware

iPhoneを使用していると、突然画面が反応しなくなってしまうことがあるかもしれません。いくら操作してもどうにもならない場合は、iPhoneを強制的に再起動してみましょう。

⏻ iPhoneを強制的に再起動する

① 音量ボタンの上を押してすぐ離したら、音量ボタンの下を押してすぐ離します。サイドボタンを手順②の画面が表示されるまで長押しします。

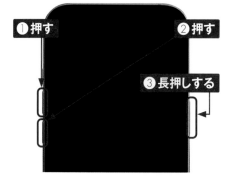

❶押す　❷押す
❸長押しする

③ 再起動後はロック画面が表示されます。パスコード設定時はパスコード入力が必要です。このあと、Apple IDのパスワードを求められる場合があります。

9月25日 月曜日
12:44

② P.15手順②の画面が表示される場合は、そのままサイドボタンを長押しし続けます。iPhoneが強制的に再起動して、Appleのロゴが表示されます。

> **"""**
> **MEMO　緊急SOSについて**
>
> サイドボタンとどちらかの音量ボタンを同時に押し続け、[SOS]を右方向にドラッグすると、110番や119番などの緊急サービスに連絡することができます。サイドボタンと音量ボタンをさらに押し続けると、カウントダウンが始まって警報が鳴ります。カウントダウンのあとでボタンを離すと緊急通報サービスに発信されます。

15　Plus　Pro　Pro Max

iPhoneを初期化する

Application

iPhone内の音楽や写真をすべて消去したい場合や、ネットワークの設定やキーボードの設定などを初期状態に戻したい場合は、「設定」アプリから初期化（リセット）が可能です。

iPhoneを初期化する

1 ホーム画面で［設定］→［一般］の順にタップします。

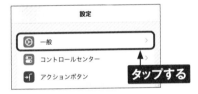

2 ［転送またはiPhoneをリセット］をタップします。

3 ［すべてのコンテンツと設定を消去］をタップします。

4 ［続ける］をタップします。パスコードを設定している場合は、次の画面でパスコードを入力すると、自動でバックアップデータが作成されます。

5 Apple IDをiPhoneに設定している場合は、Apple IDのパスワードを入力し、［オフにする］をタップします。

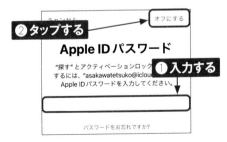

6 ［iPhoneを消去］をタップします。

バックアップから復元する

iPhoneの初期設定のときに、iCloudへバックアップ（Sec.53参照）したデータから復元して、iPhoneを利用することができます。ほかのiPhoneからの機種変更のときや、初期化したときなどに便利です。

バックアップから復元されるデータ

古いiPhoneから機種変更をしたときや、初期化を行ったときには、iCloudへバックアップしたデータの復元が可能です。写真や動画、各種設定などが復元され、App Storeでインストールしたアプリは自動的にダウンロードとインストールが行われます。なお、アプリのデータは個別に移行や復元が必要となります。

●写真・動画

> **2023年9月22日**　選択　…

過去に撮影した写真や動画は、iCloudのバックアップから復元されます。

●アプリ

初期化する前にインストールしたアプリが再インストールされ、ホーム画面の配置が復元されます。

●設定

> メールと電話番号　　　　　編集
>
> asakawatetsuko@icloud.com
> Apple ID

各種設定やメッセージなども復元されます。

> **MEMO　機種変更時などのiCloudストレージ一時利用**
>
> 機種変更や初期化の際に、利用できるiCloudの容量を超えて一時的にバックアップを作成することができます。このバックアップを利用するには、最新のiOSにアップデートして、P.283手順③の画面で、［開始］をタップし、画面の指示に従って操作します。バックアップの保存期間は基本21日間です。

⏻ iCloudバックアップから復元する

1 iPhoneの初期設定を進めると、「アプリとデータを転送」画面が表示されるので、[iCloudバックアップから]をタップします。

2 iCloudにバックアップしているApple IDへサインインします。Apple IDを入力し、[continue]をタップします。

3 パスワードを入力し、[continue]をタップします。

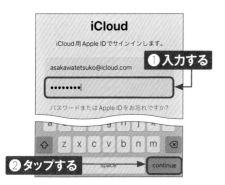

4 「利用規約」画面が表示されます。よく読み、問題がなければ[同意する]をタップします。

5 古いパスコードの入力を求められた場合は、バックアップを作成したときのiPhoneのパスコードを入力します。「iCloudバックアップを選択」画面が表示されます。復元したいバックアップをタップします。画面の指示に従って初期設定を進めると、復元が開始され、iPhoneが再起動します。

6 再起動が終わるとロック画面が表示されます。上方向にスワイプしてパスコードを入力しロックを解除すると、ホーム画面が表示されます。

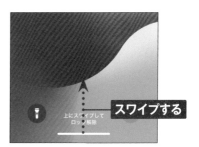

10

■ お問い合わせについて

本書に関するご質問については、本書に記載されている内容に関するもののみとさせていただきます。本書の内容と関係のないご質問につきましては、一切お答えできませんので、あらかじめご了承ください。また、電話でのご質問は受け付けておりませんので、必ずFAXか書面にて下記までお送りください。
なお、ご質問の際には、必ず以下の項目を明記していただきますようお願いいたします。

1 お名前
2 返信先の住所または FAX 番号
3 書名
　（ゼロからはじめる iPhone 15/Plus/Pro/Pro Max スマートガイド ドコモ完全対応版）
4 本書の該当ページ
5 ご使用のソフトウェアのバージョン
6 ご質問内容

なお、お送りいただいたご質問には、できる限り迅速にお答えできるよう努力いたしておりますが、場合によってはお答えするまでに時間がかかることがあります。また、回答の期日をご指定なさっても、ご希望にお応えできるとは限りません。あらかじめご了承くださいますよう、お願いいたします。ご質問の際に記載いただきました個人情報は、回答後速やかに破棄させていただきます。

■ お問い合わせ先

〒 162-0846
東京都新宿区市谷左内町 21-13
株式会社技術評論社　書籍編集部
「ゼロからはじめる iPhone 15/Plus/Pro/Pro Max スマートガイド ドコモ完全対応版」質問係
FAX 番号　03-3513-6167
URL：https://book.gihyo.jp/116

■ お問い合わせの例

FAX

1 お名前
　技術　太郎
2 返信先の住所または FAX 番号
　03-XXXX-XXXX
3 書名
　ゼロからはじめる iPhone 15/
　Plus/Pro/Pro Max スマート
　ガイド ドコモ完全対応版
4 本書の該当ページ
　37ページ
5 ご使用のソフトウェアのバージョン
　iOS 17.0.2
6 ご質問内容
　手順3の画面が表示されない

ゼロからはじめる **iPhone 15/Plus/Pro/Pro Max スマートガイド ドコモ完全対応版**

2023 年 11 月 14 日　初版　第 1 刷発行
2024 年　7 月 12 日　初版　第 3 刷発行

著者 .... リンクアップ
発行者 .... 片岡　巌
発行所 .... 株式会社　技術評論社
　　　　　　　　　　　　東京都新宿区市谷左内町 21-13
電話 .... 03-3513-6150　販売促進部
　　　　　　　　　　　　03-3513-6160　書籍編集部
編集 .... リンクアップ
装丁 .... 菊池　祐（ライラック）
本文デザイン・DTP .... リンクアップ
本文撮影 .... リンクアップ
担当 .... 宮崎　主哉
製本／印刷 .... TOPPANクロレ株式会社

定価はカバーに表示してあります。

ISBN978-4-297-13755-7 C3055

Printed in Japan